火灾预防与救助

HUOZAI YUFANG YU JIUZHU

张卢妍◎编著

·北京·

本书采用案例带动知识点的方法，较系统地阐述了火灾的预防、火灾隐患检查与整改、初起火灾处置、火场疏散与逃生、消防应急预案编制等基础知识与技能。通过大量翔实的火灾案例、图文并茂的叙述形式和扎实的专业基础知识讲解，把知识传授和能力培养与典型案例有机结合在一起，很好地推动课程案例式教学方法改革。

本书内容简明清晰，叙述上通俗易懂，既可作为高职高专院校消防工程技术专业的教材，也可作为机关、团体、企事业单位从业人员组织开展消防安全教育培训的教材，还可以用作社会公共学习、掌握消防安全知识的读本。

图书在版编目（CIP）数据

火灾预防与救助/张卢妍编著. 一北京：化学工业出版社，2017.12（2024.1重印）

ISBN 978-7-122-31257-0

Ⅰ. ①火… Ⅱ. ①张… Ⅲ. ①火灾-预防②火灾-自救互救 Ⅳ. ①TU998.12②X928.7

中国版本图书馆 CIP 数据核字（2017）第 325130 号

责任编辑：张春娥　　装帧设计：刘丽华

责任校对：边　涛

出版发行：化学工业出版社（北京市东城区青年湖南街 13 号　邮政编码 100011）

印　　装：北京科印技术咨询服务有限公司数码印刷分部

710mm×1000mm　1/16　印张 11¼　彩插 4　字数 229 千字

2024 年 1月北京第 1 版第 5 次印刷

购书咨询：010-64518888　　售后服务：010-64518899

网　　址：http：//www.cip.com.cn

凡购买本书，如有缺损质量问题，本社销售中心负责调换。

定　　价：35.00 元

前言

时而出现的火灾事故与社会经济的快速发展形成了鲜明的对比，火灾事故对社会的深远影响正在逐步提高民众的消防安全意识，国家的法律法规日臻完善，火灾的预防与救助体系正在逐步成熟。自20世纪60年代开始建立至今，我国的消防科研机构已初具规模，对消防事业的发展和消防安全起到了重要作用。目前，我国有公安部所属消防研究所4个、国家级的检测中心4个，以及1个国家重点火灾实验室。此外，中南大学、中国人民武装警察部队学院及中国矿业大学等诸多院校或科研机构均开设了消防工程技术专业，用来培养各种学历的高级工程技术人才，发展迅速。而针对消防技术技能型专门人才培养的高等职业院校则起步较晚，目前开设消防工程技术专业的院校相对较少，有北京政法职业学院、武汉警官职业学院及浙江警官职业学院等。《火灾预防与救助》是该专业学生需要掌握的一门专业基础课程，但适合高等职业院校学生使用的配套教材种类也相对较少。本教材的出版对消防工程技术专业的教材建设具有积极意义，同时对火灾应急救援逃生知识的普及亦有实际意义。

针对高职学生的认知特点，为提高读者的学习兴趣，减少知识填鸭，方便对知识与技术的理解，作者精心选取了真实、典型的案例，通过案例营造真实的情境，让读者在情境中学、在情境中做。

本书语言通俗，特色鲜明，对学生的理论素养提升和实战能力培养均具有很强的实际意义。

本书共分8章，从理论到实践，由浅入深、循序渐进地介绍火灾的预防与救助，第一章介绍燃烧、火灾相关的基础知识，使读者对火灾的预防和救助有一个总体了解，为以后的学习打下良好的基础；第二章介绍消防法规体系的组成，违反消防法规的行政处罚和刑事处罚；第三章结合典型火灾案例，分类介绍不同原因引发火灾的预防措施；第四章介绍火灾隐患排查和消防安全检查的相关知识；第五章介绍火灾预防失败后，发生初起火灾的处置；第六章介绍火灾预防失败后，人们需要立即进行火场疏散和逃生的相关知识和技巧；第七章介绍如何借助建筑火灾逃生避难器材进行火场的救助；第八章介绍消防应急预案的编制。

本书在编写过程中，参阅了国内外学者、同行的相关著作和文献资料，得到了许多启示和帮助，在此表示由衷的感谢。

由于编著者水平有限，书中难免有疏漏之处，恳请广大读者批评指正。

编著者

2017年10月

目录

第一章 燃烧与火灾

燃烧与火灾的相关知识是消防学科最基础、最本质的知识。

第一节 燃 烧

国标《消防词汇 第1部分：通用术语》（GB/T 5907.1—2014）中对燃烧进行了明确的定义：燃烧是可燃物与氧化剂作用发生的放热反应，通常伴有火焰、发光和（或）烟气的现象。

一、燃烧条件

1. 燃烧的必要条件

燃烧的发生和发展，必须具备三个必要条件，即可燃物、助燃物和引火源。当燃烧发生时，上述三个条件必须同时具备，如果有一个条件不具备，那么燃烧就不会发生或者停止发生。

进一步研究表明，有焰燃烧的发生和发展除了具备上述三个条件外，因其燃烧过程中还存在未受抑制的游离基作中间体，因此，有焰燃烧的发生和发展需要四个必要条件，即可燃物、助燃物、引火源和链式反应，如图1-1所示。

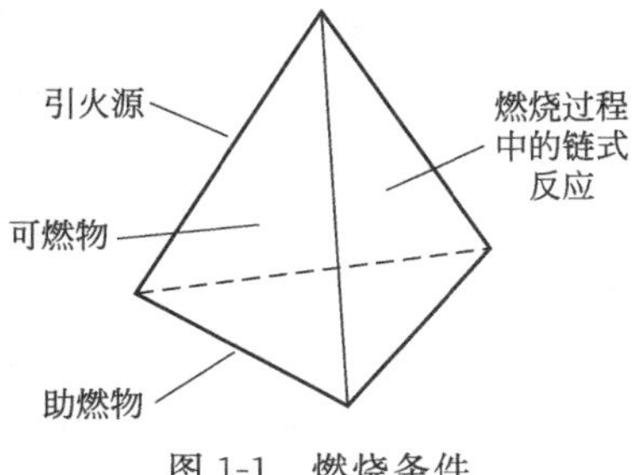

图1-1 燃烧条件

（1）可燃物 凡是能与空气中的氧或其他氧化剂起化学反应的物质，均称为可燃物，如木材、氢气、汽油、煤炭、纸张、硫等。可燃物按其化学组成，分为无机可燃物和有机可燃物两大类。按其所处的状态，又可分为可燃固体、可燃液体和可燃气体三大类。

（2）助燃物（氧化剂） 凡是与可燃物结合能导致和支持燃烧的物质，称为助燃物，如广泛存在于空气中的氧气，还有氯气、高锰酸钾、氯酸钾、过氧化钠等。普通意义上，可燃物的燃烧均指在空气中进行。

（3）引火源（温度） 凡是能引起物质燃烧的点燃能源，统称为引火源。一般分直接火源和间接火源两大类。了解引火源的种类和形式，对有效预防火灾事故的发生具有十分重要的意义。

① 直接火源

a. 明火。指生产、生活中的炉火、烛火、焊接火、吸烟火、撞击摩擦打火、机动车辆排气管火星、飞火等。

b. 电弧、电火花。指电气设备、电气线路、电气开关及漏电打火；电话、手机等通讯工具火花；静电火花（物体静电放电、人体衣物静电打火、人体积聚静电对物体放电打火）等。

c. 雷击。瞬间高压放电的雷击能引燃任何可燃物。

② 间接火源

a. 高温。指高温加热、烘烤、积热不散、机械设备故障发热、摩擦发热、聚焦发热等。

b. 自燃起火。是指在既无明火又无外来热源的情况下，物质本身自行发热、燃烧起火，如白磷、烷基铝在空气中会自行起火；钾、钠等金属遇水着火；易燃、可燃物质与氧化剂、过氧化物接触起火等。

（4）链式反应 很多燃烧反应不是直接进行的，而是通过游离基团和原子这些中间产物在瞬间进行的循环链式反应。游离基的链式反应是燃烧反应的实质，光和热是燃烧过程中的物理现象。

2. 燃烧的充分条件

可燃物、氧化剂和引火源是无焰燃烧的三个必要条件，但燃烧的发生需要三个条件达到一定量的要求，并且存在相互作用的过程，这就是燃烧的充分条件。

（1）一定的可燃物浓度 可燃气体或可燃液体的蒸气与空气混合只有达到一定浓度，才会发生燃烧或爆炸。例如，常温下用明火接触煤油，煤油并不立即燃烧，这是因为在常温下煤油表面挥发的煤油蒸气量不多，没有达到燃烧所需的浓度，虽有足够的空气和火源接触，也不能发生燃烧。灯用煤油在40℃以下、甲醇在低于7℃时，液体表面的蒸气量均不能达到燃烧所需的浓度。

（2）一定的助燃物浓度 各种不同的可燃物发生燃烧，均有本身固定的最低氧含量要求。氧含量低于这一浓度，即使其他必要条件已经具备，燃烧仍不会发生。如：汽油的最低氧含量要求为14.4%，煤油为15%，乙醚为12%。

（3）一定的点火能量 各种不同可燃物发生燃烧，均有本身固定的最小点火能量要求。达到这一能量才能引起燃烧反应，否则燃烧便不会发生。如：汽油的最小点火能量为0.2mJ，乙醚（5.1%）为0.19mJ，甲醇（2.24%）为0.215mJ。

（4）燃烧条件的相互作用　燃烧要发生，必须使以上三个条件相互作用。要求每种条件都要达到一定的量，而且其中一个量的变化又会影响燃烧时对其他条件量的要求。如氧浓度的变化就会改变可燃气体、液体和部分可燃物的燃点。在实际情况下，对燃烧产生影响的条件还有很多，比如液态和气态可燃物，压力和温度对燃烧的影响就较大，当点火能量是电火花时，还要考虑电极间隙距离。又比如一般情况下，相同质量的固态可燃物与空气接触的表面积越大，燃烧所需的点火能量就越小。

二、燃烧类型

根据燃烧形成的条件和燃烧发生瞬间的特点，燃烧分为闪燃、着火、自燃和爆炸四种类型。

1. 闪燃

（1）闪燃的含义　闪燃是指易燃或可燃液体（包括可熔化的少量固体，如石蜡、樟脑等）挥发出来的蒸气分子与空气混合后，达到一定的浓度时，遇火源产生一闪即灭的现象。

发生闪燃的原因是：易燃或可燃液体在闪燃温度下蒸发的速度比较慢，蒸发出来的蒸气仅能维持一刹那的燃烧，来不及补充新的蒸气维持稳定的燃烧，因而一闪就灭了。

闪燃是可燃液体发生着火的先兆，闪燃就是危险的警告。

（2）闪点　在规定的实验条件下，液体挥发的蒸气与空气形成混合物，遇火源能够产生闪燃的液体最低温度称为闪点。常见的几种易燃或可燃液体的闪点如表1-1所示。

表1-1　常见的几种易燃或可燃液体的闪点

名称	闪点/℃	名称	闪点/℃
汽油	−50	二硫化碳	−30
煤油	38～74	甲醇	11
酒精	12	丙酮	−18
苯	−14	乙醛	−38
乙醚	−45	松节油	35

闪点是衡量液体火灾危险性大小的重要参数。闪点越低，火灾危险性越大；反之则越小。例如汽油的闪点比煤油低，因而相对来说，汽油的火灾危险性大于煤油。

（3）闪点在消防中的应用

① 根据闪点将燃烧性液体分为两类：闪点≤45℃为易燃液体；闪点≥46℃为

可燃液体。

② 根据闪点，将液体生产、加工、储存场所的火灾危险性分为三类：

a. 甲，闪点＜28℃，例如甲醇、苯等的合成或精制厂房；

b. 乙，28℃≤闪点＜60℃，例如煤油仓库；

c. 丙，闪点≥60℃，如重油仓库。

2. 着火

(1) 着火的含义　可燃物在与空气共存的条件下，当达到某一温度时，与着火源接触即能引起燃烧，并在着火源离开后仍能持续燃烧，这种持续燃烧的现象叫着火。着火是日常生活中最常见的燃烧现象。如用火柴去点柴草、汽油、液化石油气等，就会引起它们着火。

(2) 燃点　在规定的试验条件下，应用外部热源使物质表面起火并持续燃烧一定时间所需的最低温度，称为燃点。

可燃物的温度没有达到燃点时是不会着火的，物质的燃点可以衡量其火灾危险程度，物质的燃点越低，则越易着火，危险性越大。某些常见可燃物的燃点如表1-2所示。

表1-2　几种常见可燃物的燃点

物质名称	燃点/℃	物质名称	燃点/℃
蜡烛	190	棉花	210～255
松香	216	布匹	200
橡胶	120	木材	250～300
纸张	130～230	豆油	220

(3) 燃点在消防中的应用

① 控制可燃物温度，使其在燃点以下，以防止起火。

② 根据燃点，确定燃烧固体类别。易燃固体，是指燃点小于或等于300℃的固体，如木材、棉花；可燃固体，是指燃点高于300℃的固体。

③ 根据燃点，决定火场抢救物质的先后。在火场上，如果燃点不同的物质处在相同的条件下，受到火源作用时，燃点低的先着火，易蔓延。因此，在抢救时，要先抢救或冷却燃点低的物质。

(4) 燃点与闪点的关系　一般可燃液体的燃点都高于闪点。

燃点对于可燃固体和闪点比较高的可燃液体，则具有实际意义。根据可燃物的燃点高低，可以衡量其火灾危险程度，以便在防火和灭火工作中采取相应的措施。

对于易燃液体来说，其燃点比闪点高1～5℃。因此，在评定易燃液体的火灾危险时，一般以闪点为参数。

3. 自燃

(1) 自燃的含义　物质在无外界引火源条件下，由于其本身内部所发生的生物、物理或化学变化而产生热量并积蓄，使温度不断上升，自然燃烧起来的现象，称为自燃。

部分植物或其产物，如干草、谷草、麦秸、稻草、三叶草、树叶、麦芽、锯末、甘蔗渣、苞米芯、原棉、苎麻等，以及部分浸油物品，如浸有油脂的棉花、棉纱、棉布、纸、麻、毛、丝绸和金属粉末等，是常见的自燃物质。

（2）自燃类型　根据热的来源不同，可将自燃分为受热自燃和本身自燃两种。

① 受热自燃　受热自燃是指没有外界明火的直接作用，而是受外界热源影响引起的自燃。引起受热自燃的主要原因有接触灼热物体、直接用火加热、摩擦生热、化学反应、绝热压缩、热辐射作用等。

② 本身自燃　本身自燃是指没有外界热源作用，靠物质内部发生生物、物理、化学等作用产生热量引起的自燃。引起本身自燃的原因有氧化生热、分解生热、聚合生热、吸附生热、发酵生热等。

白磷暴露于空气中自燃是最典型的本身自燃现象。

（3）自燃点

① 自燃点的定义　在规定的条件下，可燃物质产生自燃的最低温度，称为自燃点。在这一温度时，物质与空气（氧）接触，不需要明火的作用，就能发生燃烧。

② 常见可燃物的自燃点　自燃点是衡量可燃物质受热升温导致自燃危险的依据。可燃物的自燃点越低，发生自燃的危险性就越大。某些常见可燃物在空气中的自燃点如表1-3所示。

表1-3　某些常见可燃物在空气中的自燃点

物质名称	自燃点/℃	物质名称	自燃点/℃
氢气	400	丁烷	405
一氧化碳	610	乙醚	160
硫化氢	260	汽油	530～685
乙炔	305	乙醇	423

③ 影响自燃点变化的规律　不同的可燃物有不同的自燃点，同一种可燃物在不同的条件下自燃点也会发生变化。可燃物的自燃点越低，发生火灾的危险性就越大。

对于液体、气体可燃物，其自燃点受压力、氧浓度、催化、容器的材质和内径等因素的影响。而固体可燃物的自燃点，则受热熔融、挥发物的数量、固体的颗粒度、受热时间等因素的影响。

4．爆炸

爆炸是指物质由一种状态迅速地转变成另一种状态，并在瞬间以机械功的形式释放出巨大的能量，或是气体、蒸气在瞬间发生的剧烈膨胀等现象。爆炸最重要的一个特征是爆炸点周围发生剧烈的压力突变，这种压力突变就是爆炸产生破坏作用的原因。作为燃烧类型之一的爆炸主要指化学爆炸。

三、燃烧特点

可燃物质受热后，因其聚集状态的不同，而发生不同的变化。绝大多数可燃物质的燃烧都是在蒸气或气体的状态下进行的，并出现火焰。而有的物质则不能成为气态，其燃烧发生在固相中，如焦炭燃烧时，呈灼热状态，而不呈现火焰。由于可燃物质的性质、状态不同，燃烧的特点也不一样。

1. 气体燃烧的特点

可燃气体的燃烧不像固体、液体那样需经熔化、蒸发过程，所需热量仅用于氧化或分解，或将气体加热到燃点，因此容易燃烧且燃烧速度快。根据燃烧前可燃气体与氧混合状况的不同，其燃烧方式分为扩散燃烧和预混燃烧。

（1）扩散燃烧　扩散燃烧即可燃性气体和蒸气分子与气体氧化剂互相扩散，边混合边燃烧。在扩散燃烧中，化学反应速度要比气体混合扩散速度快得多。整个燃烧速度的快慢由物理混合速度决定。气体（蒸气）扩散多少，就烧掉多少。人们在生产、生活中的用火（如燃气做饭、点气照明、烧气焊等）均属这种形式的燃烧。

扩散燃烧的特点为：燃烧比较稳定，扩散火焰不运动，可燃气体与氧化剂气体的混合在可燃气体喷口进行。对稳定的扩散燃烧，只要控制得好，就不至于造成火灾，一旦发生火灾也较易扑救。

（2）预混燃烧　预混燃烧又称动力燃烧或爆炸式燃烧。它是指可燃气体、蒸气或粉尘预先同空气（或氧）混合，遇火源产生带有冲击力的燃烧。预混燃烧一般发生在封闭体系中或在混合气体向周围扩散的速度远小于燃烧速度的敞开体系中，燃烧放热造成产物体积迅速膨胀，压力升高，可达709.1～810.4kPa。通常的爆炸反应即属此种。

预混燃烧的特点为：燃烧反应快，温度高，火焰传播速度快，反应混合气体不扩散，在可燃混合气体中引入一火源即产生一个火焰中心，成为热量与化学活性粒子集中源。如果预混气体从管口喷出发生动力燃烧，且流速大于燃烧速度，则在管中形成稳定的燃烧火焰，由于燃烧充分，燃烧速度快，燃烧区呈高温白炽状，如汽灯的燃烧即是如此。若可燃混合气在管口流速小于燃烧速度，则会发生“回火”。如制气系统检修前不进行置换就烧焊，燃气系统开车前不进行吹扫就点火，用气系统产生负压“回火”或者漏气未被发现而用火时，往往形成动力燃烧，有可能造成设备的损坏和人员伤亡。

2. 液体燃烧的特点

易燃、可燃液体在燃烧过程中，并不是液体本身在燃烧，而是液体受热时蒸发出来的液体蒸气被分解、氧化达到燃点而燃烧，即蒸发燃烧。因此，液体能否发生燃烧、燃烧速率高低，与液体的蒸气压、闪点、沸点和蒸发速率等性质密切相关。

常见的可燃液体中，液态烃类燃烧时，通常具有橘色火焰并散发浓密的黑色烟云。醇类燃烧时，通常具有透明的蓝色火焰，几乎不产生烟雾。某些醚类燃烧时，液体表面伴有明显的沸腾状，这类物质的火灾较难扑灭。在含有水分、黏度较大的重质石油产品，如原油、重油、沥青油等发生燃烧时，有可能产生沸溢现象和喷溅现象。

（1）沸溢　以原油为例，其黏度比较大，且都含有一定的水分，以乳化水和水垫两种形式存在。所谓乳化水是原油在开采运输过程中，原油中的水由于强力搅拌成细小的水珠悬浮于油中而成。放置久后，油水分离，水因密度大而沉降在底部形成水垫。

燃烧过程中，这些沸程较宽的重质油品产生热波，在热波向液体深层运动时，由于温度远高于水的沸点，因而热波会使油品中的乳化水气化，大量的蒸气就要穿过油层向液面上浮，在向上移动过程中形成油包气的气泡，即油的一部分形成了含有大量蒸气气泡的泡沫。这样，必然使液体体积膨胀，向外溢出，同时部分未形成泡沫的油品也被下面的蒸气膨胀力抛出罐外，使液面猛烈沸腾起来，就像“跑锅”一样，这种现象叫沸溢。

从沸溢过程说明，沸溢形成必须具备三个条件：

① 原油具有形成热波的特性，即沸程宽，密度相差较大；

② 原油中含有乳化水，水遇热波变成蒸气；

③ 原油黏度较大，使水蒸气不容易从下向上穿过油层。

（2）喷溅　在重质油品燃烧进行过程中，随着热波温度的逐渐升高，热波向下传播的距离也加大，当热波达到水垫时，水垫的水大量蒸发，蒸气体积迅速膨胀，以至把水垫上面的液体层抛向空中，向罐外喷射，这种现象叫喷溅。

一般情况下，发生沸溢要比发生喷溅的时间早得多。发生沸溢的时间与原油的种类、水分含量有关。根据实验，含有1%水分的石油，经45～60min燃烧就会发生沸溢。喷溅发生的时间与油层厚度、热波移动速度以及油的燃烧线速度有关。

3. 固体燃烧的特点

固体可燃物由于其分子结构的复杂性、物理性质的不同，其燃烧方式也不相同。主要有下列四种。

（1）蒸发燃烧　可熔化的可燃性固体受热升华或熔化后蒸发，产生可燃气体进而发生的有焰燃烧，称为蒸发燃烧。发生蒸发燃烧的固体，在燃烧前受热只发生相变，而成分不发生变化。一旦火焰稳定下来，火焰传热给蒸发表面，促使固体不断蒸发或升华燃烧，直至燃尽为止。分子晶体、挥发性金属晶体和有些低熔点的无定形固体的燃烧，如石蜡、松香、硫、钾、磷、沥青和热塑性高分子材料等的燃烧，均为蒸发燃烧。燃烧过程总保持边熔化、边蒸发、边燃烧的形式，固体有蒸发面的部分都会有火焰出现，燃烧速度较快。钾、钠、镁等之所以称为挥发金属，因其燃烧属蒸发式燃烧，而生成白色浓烟是挥发金属蒸发式燃烧的特征。

（2）分解燃烧　分子结构复杂的固体可燃物，在受热后分解出其组成成分及与加热温度相应的热分解产物，这些分解产物再氧化燃烧，称为分解燃烧。如木材、纸张、棉、麻、毛、丝以及合成高分子的热固性塑料、合成橡胶等的燃烧。

煤、木材、纸张、棉花、农副产品等成分复杂的固体有机物，受热不发生整体相变，而是分解释放出可燃气体，燃烧产生明亮的火焰，火焰的热量又促使固体未燃部分的分解和均相燃烧。当固体完全分解且析出可燃气体全部烧尽后，留下的碳质固体残渣才开始无火焰的表面燃烧。

塑料、橡胶、化纤等高聚物，是由许多重复的较小结构单位（链节）所组成的大分子。绝大多数高分子材料都是易燃的，而且大部分发生分解式燃烧，燃烧放出的热量很大。一般来说，高聚物的燃烧过程包括受热软化熔融、解聚分解、氧化燃烧。分解产物随分解时的温度、氧浓度及高聚物本身的组成和结构不同而异。所有高聚物在分解过程中都会产生可燃气体，分解产生的较大分子会随燃烧温度的提高进一步蒸发热解或不完全燃烧。高聚物在火灾的高温下边熔化、边分解，边呈有焰均相燃烧，燃着的熔滴可把火焰从一个区域扩展到另一个区域，从而促使燃烧蔓延发展。

(3) 表面燃烧　可燃物受热不发生热分解和相变，可燃物质在被加热的表面上吸附氧，从表面开始呈余烬的燃烧状态叫表面燃烧（也叫无火焰的非均相燃烧）。

这类燃烧的典型例子有焦炭、木炭和不挥发金属等的燃烧。表面燃烧速度取决于氧气扩散到固体表面的速度，并受表面化学反应速度的影响。焦炭、木炭为多孔性结构的简单固体，即使在高温下也不会熔融、升华或分解产生可燃气体。氧扩散到固体物质的表面，被高温表面吸附，发生气固非均相燃烧，反应的产物从固体表面解吸扩散，带着热量离开固体表面。整个燃烧过程中固体表面呈高温炽热发光而无火焰，燃烧速度小于蒸发速度。

铝、铁等不挥发金属的燃烧也为表面燃烧。不挥发金属的氧化物熔点低于该金属的沸点。燃烧的高温尚未达到金属沸点且无大量高热金属蒸气产生时，其表面的氧化物层已熔化退去，使金属直接与氧气接触，发生无火焰的表面燃烧。由于金属氧化物的熔化消耗了一部分热量，减缓了金属被氧化，致使燃烧速度不快，固体表面呈炽热发光。这类金属在粉末状、气熔胶状、刨花状时，燃烧进行得很激烈，且无烟生成。

(4) 阴燃　阴燃是指物质无可见光的缓慢燃烧，通常产生烟和温度升高的迹象。这种燃烧看不见火苗，可持续数天甚至数十天，不易发现。

① 容易发生阴燃的状况　一些固体可燃物在空气不流通、加热温度较低或湿度较大的条件下发生干馏分解，产生的挥发成分未能发生有焰燃烧；固体材料受热分解，必须能产生刚性结构多孔性炭化材料。常见易发生阴燃的物质，如成捆堆放的棉、麻、纸张及大量堆放的煤、杂草、湿木材、布匹等。

② 阴燃和有焰分解燃烧的相互转化　在缺氧或湿度较大条件下发生火灾，由于燃烧消耗氧气及水蒸气的蒸发耗能，使燃烧体系氧气浓度和温度均降低，燃烧速度减慢，固体分解出的气体量减少，火焰逐渐熄灭，由有焰燃烧转为阴燃。如果通风条件改变，当持续的阴燃完全穿透固体材料时，由于对流的加强，会使空气流入

量相对增大，供氧量增加，或可燃物中水分蒸发到一定程度，也可能由阴燃转变为有火焰的分解燃烧甚至爆燃。火场上的复燃现象和由于固体阴燃引起的火灾等，都是阴燃在一定条件下转化为有焰分解燃烧的例子。

固体的上述四种燃烧形式中，蒸发燃烧和分解燃烧都是有火焰的均相燃烧，只是可燃气体的来源不同。蒸发燃烧的可燃气体是相变产物，分解燃烧的可燃气体来自固体的热分解。固体的表面燃烧和阴燃，都是发生在固体表面与空气的界面上，呈无火焰的非均相燃烧。阴燃和表面燃烧的区别，就在于表面燃烧的过程中固体不发生分解。

四、燃烧产物

燃烧产生的物质，其成分取决于可燃物的组成和燃烧条件。大部分可燃物属于有机化合物，它们主要由碳、氢、氧、氮、硫、磷等元素组成，燃烧生成的气体一般有一氧化碳、氰化氢、二氧化碳、丙烯醛、氯化氢、二氧化硫等。

1. 燃烧产物的概念

由燃烧或热解作用产生的全部物质，称为燃烧产物，有完全燃烧产物和不完全燃烧产物之分。完全燃烧产物是指可燃物中的 C 被氧化生成的 CO_2（气）、H 被氧化生成的 H_2O（液）、S 被氧化生成的 SO_2（气）等；而 CO、NH_3、醇类、醛类、醚类等是不完全燃烧产物。燃烧产物的数量、组成等随物质的化学组成及温度、空气的供给情况等的变化而不同。

燃烧产物中的烟主要是燃烧或热解作用所产生的悬浮于大气中能被人们看到的直径一般在 10^{-7}～10^{-4}cm 之间的极小的炭黑粒子，大直径的粒子容易由烟中落下来，称为烟尘或炭黑。炭粒子的形成过程比较复杂。例如炭氢可燃物在燃烧过程中，会因受热裂解产生一系列中间产物，中间产物还会进一步裂解成更小的碎片，这些小碎片会发生脱氢、聚合、环化等反应，最后形成石墨化碳粒子，构成了烟。

2. 几类典型物质的燃烧产物

按照构成状态可将物质分为纯净物和混合物。由一种物质构成的称为纯净物(即只能写出一个化学分子式的)，由不同物质构成的称为混合物。

（1）单质的燃烧产物　由一种元素构成的纯净物，称为单质，如碳、氢、硫等。一般单质在空气中完全燃烧，其产物为构成该单质的元素的氧化物，如二氧化碳、水、二氧化硫等。一些单质在空气中燃烧除生成完全燃烧产物外，还会生成不完全燃烧产物。最典型的不完全燃烧产物是一氧化碳，它能进一步燃烧生成二氧化碳。

（2）化合物的燃烧产物　与单质相对，由两种或两种以上元素组成的纯净物称为化合物。其中，高分子化合物是指由众多原子或原子团主要以共价键结合而生成的分子量在一万以上的化合物。对于一些高分子化合物，受热后会产生热裂解，生成许多不同类型的有机化合物，并能进一步燃烧。有些不完全燃烧产物能与空气形成爆炸性混合物，导致火势的突变。

(3) 合成有机高分子材料的燃烧产物　合成有机高分子材料属混合物，主要是以煤、石油、天然气为原料制得的如塑料、橡胶、合成纤维、薄膜、胶黏剂和涂料等，其中塑料、合成橡胶和合成纤维被称为现代三大合成有机高分子材料。合成有机高分子材料在燃烧过程中伴有热裂解，会分解产生许多有毒或有刺激性的气体，如氯化氢（HCl）、光气（$COCl_2$）、氰化氢（HCN）及氧化氮（NO_x）等。

3. 燃烧产物的危害性

火灾中燃烧产物对人体的危害性主要表现为：缺氧、中毒、减光和高温。

(1) 缺氧　在着火区域，空气中充满了由可燃物燃烧所产生的一氧化碳、二氧化碳和其他有毒气体等，加之燃烧需要大量的氧气，因此空气中的含氧量大大降低。如图 1-2 示意了着火房间内氧气变化的曲线，在火灾发生 10min 之后，氧含量就会直线下降，很快降低到 15%以下，在爆燃最盛期，氧气的浓度只有 3%左右。

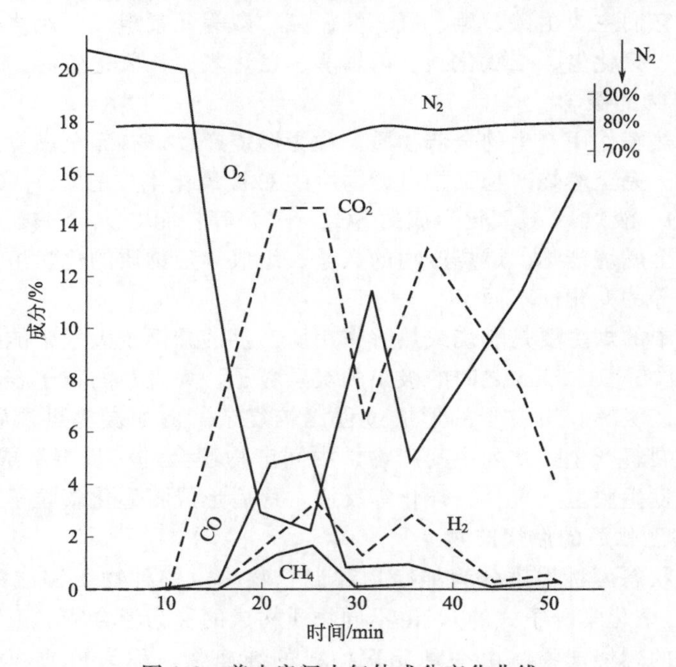

图 1-2　着火房间内气体成分变化曲线

由于缺少氧气，人的身体也会受到各种伤害。因为氧是人体进行新陈代谢的关键物质，是人体生命活动的第一需要。当空气中氧含量降低到 15%时，人的肌肉活动能力下降；降到 10%～14%时，人就四肢无力，智力混乱，辨不清方向；降到 6%～10%时，人就会晕倒；低于 6%时，在短时间内人们将会因缺氧而窒息死亡。

(2) 中毒　目前，已知的火灾中有毒气体的种类或有毒气体的成分有数十种，包括无机类有毒有害气体（CO、CO_2、NO_x、HCl、H_2S 等）和有机类有毒有害气体（氰化氢、光气、醛类气体等）。这里主要介绍两种，即一氧化碳和氰化氢。

① 一氧化碳（CO） CO为不完全燃烧产物，是一种无色、无味而有强烈毒性的可燃气体，难溶于水。火灾事故中，死于CO毒性作用的人数占死亡总人数的40%以上。CO的主要毒害作用在于其与血红蛋白结合生成碳氧血红蛋白，而极大削弱了血红蛋白对氧气的结合力，使血液中的氧气含量降低，致使供氧不足，阻碍血液把氧送到人体各部分，引起机体缺氧中毒。据试验，火灾发生后11～13min内房间一氧化碳浓度的分布为：顶部约为0.8%；中间约为1%；地面约为0.4%。中间也就是大部分人站起来鼻子的高度。而当空气中的一氧化碳含量达到1 %时，人就会中毒昏迷，呼吸数次失去知觉，经过1～2min即可能死亡。地面的CO浓度相对最低，可是也有0.4%左右，会引起人们剧烈头晕，经20～30min有死亡的危险。CO对人体的具体影响如表1-4所示。

表1-4 CO对人体的影响

空气中一氧化碳含量/%	对人体的影响程度
0.01	数小时对人体影响不大
0.05	1.0h内对人体影响不大
0.1	1.0h后头痛，不舒服，呕吐
0.5	引起剧烈头晕，经20～30min有死亡危险
1.0	呼吸数次失去知觉，经过1～2min即可能死亡

② 氰化氢（HCN） HCN为无色、略带杏仁气味的剧毒性气体，其毒性约为CO的20倍。它虽然基本上不与血红蛋白结合，但却可以抑制人体中酶的生成，阻止正常的细胞代谢。氢化氰的允许浓度仅0.02%。氰化氢是由含氮材料燃烧生成的，这类材料包括天然材料和合成材料，如羊毛、丝绸、尼龙、聚氨酯二聚物及尿素树脂等，尤其是棉花的阴燃。

(3) 减光性 除毒性之外，燃烧产生的烟气还具有一定的减光性。通常可见光波长λ为0.4～0.7μm，一般火灾烟气中的烟粒子粒径d为几微米到几十微米，由于$d>2\lambda$，烟粒子对可见光是不透明的。烟气在火场上弥漫，会严重影响人们的视线，使人们难以辨别火势发展方向和寻找安全疏散路线。同时，烟气中有些气体对人的肉眼有极大的刺激性，使人睁不开眼而降低能见度。试验证明，室内火灾在着火后大约15min左右，烟气的浓度最大，此时人们的能见距离一般只有数十厘米。

(4) 高温 在着火房间内，火灾烟气具有较高的温度，可高达数百度，在地下建筑中，火灾烟气温度甚至可高达1000℃以上。而人们对高温烟气的忍耐性是有限的，在65℃时，可短时忍受；在120℃时，15min内就将产生不可恢复的损伤；140℃时约为5min；170℃时约为1min；而在几百度的高温烟气中是一分钟也无法忍受的。当人体吸入高温烟气，会严重灼伤呼吸道，轻者刺激呼吸道黏膜，导致慢性支气管炎，重者即便被救出了火场，也难以脱离生命危险。

4. 燃烧产物对灭火工作的影响

（1）有利方面

① 在一定条件下可阻止燃烧。如一般可燃物质燃烧，当空气中含 30%的二氧化碳时，燃烧就会自动终止。

② 根据烟雾的颜色和气味，可大致确定燃烧物质的类别。

③ 根据烟雾的温度、浓度和流动方向，可大致判断火灾初起的位置、燃烧速度和火势发展方向。

（2）不利方面

① 影响灭火救援人员和被困人员的安全。据统计资料表明，由于 CO 中毒窒息死亡或其他有毒烟气熏死者，一般占火灾总死亡人数的 40%～50%，最高达 65%以上；而被火烧死的人当中，多数是先中毒窒息晕倒后再被火烧死。

② 能见度降低，影响灭火救援行动。

③ 烟雾对流、热辐射和生成可燃的不完全燃烧产物可造成火势扩大蔓延。

第二节　火　　灾

根据国家标准《消防词汇　第 1 部分：通用术语》（GB/T 5907.1—2014），火灾是指在时间或空间上失去控制的燃烧。

一、火灾的分类

根据不同的需要，火灾可以按不同的方式进行分类。

1. 按照燃烧对象的性质分类

按照国家标准《火灾分类》（GB/T 4968—2008）的规定，根据可燃物的类型和燃烧特性，火灾分为 A、B、C、D、E、F 六类。

A 类火灾：固体物质火灾。这种物质通常具有有机物性质，一般在燃烧时能产生灼热的余烬。如木材、棉、毛、麻、纸张火灾等。

B 类火灾：液体或可熔化固体物质火灾。如汽油、煤油、原油、甲醇、乙醇、沥青、石蜡火灾等。

C 类火灾：气体火灾。如煤气、天然气、甲烷、乙烷、氢气、乙炔火灾等。

D 类火灾：金属火灾。如钾、钠、镁、钛、锆、锂火灾等。

E 类火灾：带电火灾。物体带电燃烧的火灾。如变压器等设备的电气火灾等。

F 类火灾：烹饪器具内的烹饪物（如动植物油脂）火灾。

2. 按照火灾事故所造成的灾害损失程度分类

按照火灾事故所造成的灾害损失程度对火灾进行分类，是依据《生产安全事故报告和调查处理条例》（国务院令第 493 号）中规定的生产安全事故等级标准。消防部门将火灾分为特别重大火灾、重大火灾、较大火灾和一般火灾四个等级，具体划分标准见表1-5，释义如下：

特别重大火灾，是指造成30人以上死亡，或者100人以上重伤，或者1亿元以上直接财产损失的火灾；

重大火灾，是指造成10人以上30人以下死亡，或者50人以上100人以下重伤，或者5000万元以上1亿元以下直接财产损失的火灾；

较大火灾，是指造成3人以上10人以下死亡，或者10人以上50人以下重伤，或者1000万元以上5000万元以下直接财产损失的火灾；

一般火灾，是指造成3人以下死亡，或者10人以下重伤，或者1000万元以下直接财产损失的火灾。

表1-5　火灾等级的划分标准

火灾等级	死亡人数	重伤人数	直接财产损失
特别重大火灾	≥30人	≥100人	≥1亿元
重大火灾	≥10人和<30人	≥50人和<100人	≥5000万元和<1亿元
较大火灾	≥3人和<10人	≥10人和<50人	≥1000万元和<5000万元
一般火灾	<3人	<10人	<1000万元

二、火灾蔓延的机理与途径

建筑物内火灾蔓延，是通过热传播进行的，其形式与起火点、建筑材料、物质的燃烧性能和可燃物的数量等因素有关。热传播是影响火灾发展的决定性因素。

在火场上燃烧物质所放出的热能，通常是以热传导、热辐射和热对流三种方式传播，并影响火势蔓延扩大。

1. 热传导

(1) 含义　热传导是指物体一端受热，通过物体的分子热运动，把热量从温度较高一端传递到温度较低的另一端的过程。

(2) 特点　固体、液体和气体物质都有这种传热性能。其中以固体物质为最强，气体物质最弱。由于固体物质的性质各异，其传热的性能也各有不同。例如，将一铜棒和一铁棒的一端均放入火中，结果铜棒的另一端比铁棒会更快地被加热，这说明铜比铁有较快的传热速率；如果把两根铁棒的各一端分别放在火里和热水里，结果是放在火里的比放在热水里的铁棒温度高、传热快，这说明同样的物质，热源温度高时，传热速率快。

(3) 热传导对火灾发生变化的影响　火灾通过热传导的方式进行蔓延扩大，有两个比较明显的特点：其一是必须有导热性好的媒介，如金属构件、薄壁构件或金属设备等；其二是蔓延的距离较近，一般只能是相邻的建筑空间。可见热传导蔓延扩大的火灾，其规模是有限的。

2. 热辐射

(1) 含义　热辐射是指以电磁波形式传递热量的现象。

(2) 特点　无论是固体、液体和气体，都能把热量以电磁波（辐射能）的方式辐射出去，也能吸收别的物体辐射出的电磁波而转变成热能。因此，热辐射在热量传递过程中伴有能量形式的转化，即热能—辐射能—热能。电磁波的传递是不需要任何介质的，这是辐射与传导、对流方式传递热量的根本区别。

(3) 热辐射对火灾发生变化的影响　火场上的火焰、烟雾都能辐射热能，辐射热能的强弱取决于燃烧物质的热值和火焰温度。物质热值越大，火焰温度越高，热辐射也越强。火场上的辐射热随着火灾发展的不同阶段而变化。在火势猛烈发展的阶段，当温度达到最大数值时，辐射热能最强；反之，辐射热能就弱，火势发展则缓慢。辐射热作用于附近的物体上，能否引起可燃物质着火，要看热源的温度、热源的距离和角度。热辐射是相邻建筑之间火灾蔓延的主要形式之一。建筑防火中的防火间距，主要是考虑防止火焰辐射引起相邻建筑着火而设置的间隔距离。

3. 热对流

由于流体之间的宏观位移所产生的运动，叫做对流。热对流是指热量通过流动介质，由空间的一处传播到另一处的现象。热对流是影响初期火灾发展的最主要因素，是建筑物内火灾蔓延的一种主要形式。

按流动介质的不同，分为气体对流和液体对流。

(1) 气体对流　气体对流对火势发展变化的影响主要是：流动着的热气流能够加热可燃物质，以致达到燃烧程度，使火势蔓延扩大；被加热的气体在上升和扩散的同时，周围的冷空气迅速流入燃烧区助长燃烧；气体对流方向的改变，促使火势蔓延方向也随着发生变化。气体对流的强度，决定于通风孔洞面积的大小、通风孔洞在房间中的位置（高度）以及烟雾与周围空气的温度差等条件。气体对流对露天和室内火灾的火势发展变化都是有影响的。即使是室内起火，气体对流对火势发展变化的影响也是较明显的。

室内发生火灾时，燃烧产物和热气流迅速上升，当其遇到顶棚等障碍物时，就会沿着房间上部向各方向平行流动。这时，在房间上部空间形成了烟层，其厚度逐渐增大。如果房间的墙壁上面有门窗孔洞，燃烧产物和热气流就会向邻近的房间室外扩散。但是，也可能有一部分燃烧产物被外界流入的空气带回室内。燃烧产物的浓度越大，温度越高，流动的速度也就越快。

(2) 液体对流　液体对流是一部分液体受热以后，因体积增大、相对密度减小而上升，温度较低的部分则由于相对密度较大而下降，就在这种运动的同时进行着热的传播，最后使整个液体被加热。

通过液体对流进行传热，影响火势发展的主要情况是：装在容器中的可燃液体局部受热后，以对流的传热方式使整个液体温度升高，蒸发速度加快，压力增大，以致使容器爆裂，或蒸气逸出，遇着火源而发生燃烧；重质油品燃烧时发生的沸溢或喷溅，同样是由于对流等传热作用所引起的。

火场上实际进行的传热过程很少是一种传热方式单独进行，而是由两种或三种方式综合而成，但是必定有一种是主要的。

三、建筑火灾的发展过程

建筑火灾，是指建筑内某一空间燃烧起火，进而发展为某些防火分区或整个建筑的火灾。对于建筑火灾而言，最初发生在室内的某个房间或某个部位，然后由此蔓延到相邻的房间或区域，以及整个楼层，最后蔓延到整个建筑物。

在没有外力影响的情况下，通常把建筑火灾的发展过程大体分为三个阶段，即初期增长阶段、充分发展阶段和衰减阶段，如图 1-3 所示。

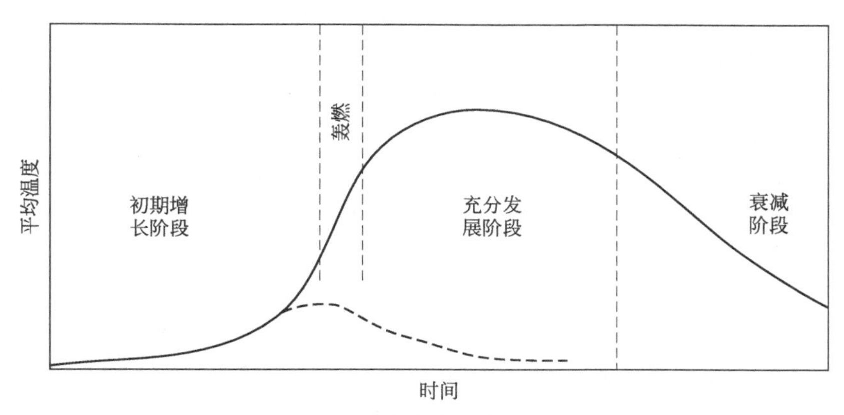

图 1-3 建筑火灾的发展过程

1. 初期增长阶段（初起阶段）

室内火灾发生后，最初只局限于着火点处的可燃物燃烧，这一阶段着火点处局部温度较高，燃烧的面积不大，室内各点的温度不平衡。由于可燃物性能、分布和通风、散热等条件的影响，燃烧的发展大多比较缓慢，有可能形成火灾，也有可能中途自行熄灭（见图 1-3 中虚线），燃烧发展不稳定。火灾初期增长阶段持续时间的长短不定。

从防火的角度来看，建筑物耐火性能好，建筑密闭性好，可燃物少，则火灾初起阶段就燃烧缓慢，甚至会出现窒息灭火、有“火警”而无火灾的结果。从灭火角度来看，火灾初期燃烧面积小、火势小，用较少的人力和简单的灭火工具（比如灭火器）就能把火扑灭，因而是扑救火灾的最好时机，也是人员疏散的有利时机。为了及早发现并及时扑灭初起火灾，在建筑物内设置及时发现火灾并报警的装置、安装和配备适当数量的灭火设备等其他消防设施，是很有必要的。

2. 充分发展阶段

由于燃烧的继续，起火点周围物品受火灾的影响，温度呈直线上升趋势，开始分解出可燃气体，燃烧速度加快，燃烧面积迅速扩大，气体的对流和辐射也显著增强，火灾的规模扩大，并导致全面燃烧。某一空间内，所有可燃物的表面全部卷入燃烧的瞬变过程，称为轰燃。轰燃经历的时间短暂，它的出现，标志着火灾由初期进入充分发展阶段。轰然后，空气从破损的门窗进入起火分区，使分区内产生的可燃物与未完全燃烧的可燃物一起燃烧。此后，火灾温度随着时间的延长而持续上升，并出现持续高温，温度可达800～1000℃。火焰和高温烟气在热压和风压的作用下，会从房间的门窗、孔洞等处大量涌出，沿走廊、吊顶迅速向水平方向蔓延扩散。同时，由于烟囱效应的作用，火势会通过竖向管井、共享空间等向上蔓延。

这个阶段不仅需要更大的灭火力量，经过较长的时间才能控制并扑灭火灾，而且还需要消耗相当大的力量保护临近的建筑物，以防火灾进一步蔓延。

3. 衰减阶段

经过火灾的充分发展阶段，建筑物内的大部分可燃物被燃烧殆尽，火灾温度逐渐下降，直至熄灭。一般认为，当室内平均温度降到最高温度的80%时，火灾进入熄灭阶段。这一阶段虽然有焰燃烧停止，但火场的余热还能维持一段时间的高温。衰减期温度下降速度是比较慢的。

在这一阶段进行灭火活动需要注意建筑物结构的倒塌，保障灭火人员的人身安全。另外，还要防止死灰复燃，将残火彻底消灭。

四、灭火的基本原理与方法

破坏已经形成的燃烧条件，就可以使燃烧熄灭，最大限度地减少火灾危害。根据燃烧原理和灭火作战实践，灭火的基本方法有：冷却法、窒息法、隔离法、抑制法。

1. 冷却法

可燃物一旦达到着火点，即会燃烧或持续燃烧。将可燃物的温度降到一定温度以下，燃烧即会停止。对于可燃固体，将其冷却在燃点以下；对于可燃液体，将其冷却在闪点以下，燃烧反应就会中止。用水扑灭一般固体物质的火灾，主要是通过冷却作用来实现的，水具有较大的热容量和很高的汽化潜热，冷却性能很好。在用水灭火的过程中，水大量地吸收热量，使燃烧物的温度迅速降低，致使火焰熄灭、火势控制、火灾终止。水喷雾灭火系统的水雾，其水滴直径细小，比表面积大，和空气接触范围大，极易吸收热气流的热量，也能很快地降低温度，效果更为明显。

2. 窒息法

可燃物的燃烧是氧化作用，需要在最低氧浓度以上才能进行，低于最低氧浓度，燃烧不能进行，火灾即被扑灭。一般氧浓度低于15%时，就不能维持燃烧。在着火场所内，可以通过灌注不燃气体，如二氧化碳、氮气、蒸汽等，来降低空间的氧浓度，从而达到窒息灭火。此外，水喷雾灭火系统实施动作时，喷出的水滴吸收热气流热量而转化成蒸汽，当空气中水蒸气浓度达到35%时，燃烧即停止，这也是窒息灭火的应用。

3. 隔离法

在燃烧三要素中，可燃物是燃烧的主要因素。隔离法是将正在燃烧的物质和周围未燃烧的可燃物质隔离或移开，中断可燃物质的供给，使燃烧因缺少可燃物而停止。具体方法有：

（1）把火源附近的可燃、易燃、易爆和助燃物品搬走；

（2）关闭可燃气体、液体管道的阀门，以减少和阻止可燃物质进入燃烧区；

（3）设法阻拦流散的易燃、可燃液体；

（4）拆除与火源相毗连的易燃建筑物，形成防止火势蔓延的空间地带。

4. 抑制法

由于有焰燃烧是通过链式反应进行的，如果能有效地抑制自由基的产生或降低火焰中的自由基浓度，即可使燃烧中止。化学抑制灭火的灭火剂常见的有干粉和卤代烷（已淘汰）。化学抑制法灭火，灭火速度快，使用得当可有效地扑灭初期火灾，减少人员和财产的损失。但抑制法灭火对于有焰燃烧火灾效果好，对深度火灾，由于渗透性较差，灭火效果不理想。在条件许可的情况下，采用抑制法灭火的灭火剂与水、泡沫等灭火剂联用，会取得满意效果。

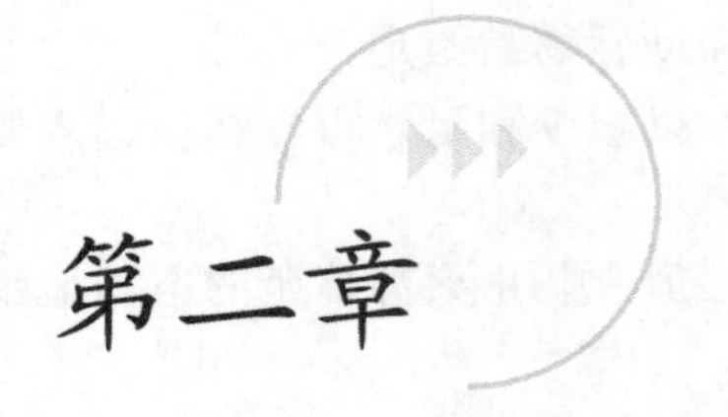

第二章 消防法规

消防法规是人类为了加强对火的控制，保障生产、生活以及人类自身的安全，随着社会的发展需要应运而生的。

第一节 消防法规概述

自改革开放以来，随着我国经济的快速发展，社会主义法制建设有了很大的发展，相继出台了多部法律法规，涉及多个领域、多个部门。而随着消防行业的发展，也逐渐形成了一套较为完善的消防法律法规体系。目前，现行有效的消防法律、法规、规章和规范性文件共计二百多件，包含了消防监督执法、火灾调查统计、消防规划建设、队伍装备建设、消防设施产品管理、宣传教育培训、法律文书管理使用、内部执法监督、救济赔偿、刑事案件办理等17个方面的内容。

一、消防法规的概念

消防法规是调整公安机关消防机构在消防监督管理工作中所发生和形成的各类社会关系的全部法律规范的总和。也是对消防工作作出规定的法律、行政法规、地方性法规、行政规章，以及技术标准等规范性文件的总称。通常是在广义上使用消防法规的概念。

消防法规包括消防组织和人员的组织制度、消防监督管理及其程序规定、消防监督管理的监督救济制度，从而建立起保障人民利益的消防法律秩序，以保证消防监督管理权运行的规范性、科学性、合理性和权威性。

二、消防法规的产生和发展

消防法规是人类为了加强对火的控制，保障生产、生活以及人类自身的安全，随着社会发展需要应运而生的。我国古代消防管理称为火政管理，经历了先秦时代的初创阶段，汉代至隋唐五代的发展阶段，宋代和明代的高度发展阶段，直至清代鸦片战争为止，有2000多年历史。火政管理中心内容概括起来说，就是设火官

（或火兵）、立火禁、修火宪。设火官或火兵，即设置掌管火政的官员和专司救火的兵丁，相当于现在的消防局、消防队。立火禁，即发布防火政令和建立御火制度，相当于现在的防火制度、措施。修火宪，即制定法律，依法治火。从消防法律制度的发展情况来看，随着社会的发展进步，法律规定的内容不断增加，但总体来说是不完备的，真正完整的消防法规体系是在1949年后逐渐形成的。

1949年后，随着社会主义民主与法制建设的发展，我国消防法制不断健全和完善。1957年11月29日，经全国人民代表大会常务委员会第86次会议批准，国务院颁布了新中国第一部消防法律——《消防监督条例》，明确规定了消防监督机关实施监督的职权范围和活动原则，为开展消防行政管理工作奠定了法制基础。1984年5月，第六届全国人民代表大会常务委员会第五次会议又批准施行了在原有《消防监督条例》的基础上，经过修改充实形成的《中华人民共和国消防条例》。1998年4月29日，第九届全国人民代表大会常务委员会第二次会议审议通过了《中华人民共和国消防法》（以下简称《消防法》），并于同年9月1日起施行。这三部法律在不同的历史时期，为加强我国消防工作，保卫我国社会主义现代化建设顺利进行，保护公共财产和公民生命财产，发挥了重要作用。

随着我国改革开放的深入，经济社会的快速发展，社会主义现代化建设进入了一个新的历史时期。为保障消防工作与经济建设和社会发展相适应，有效预防和减少火灾危害，不断提高社会公共消防安全水平，全面落实消防安全责任制，不断提高消防管理和公众服务水平，2008年10月28日，第十一届全国人民代表大会常务委员会第五次会议审议通过了新修订的《消防法》，修改后的《消防法》于2009年5月1日起施行。此外，国务院、国务院各部委、地方人大及其常委会、地方各级政府也制定了一部分消防法规、规章。

三、消防法规的体系

消防法规体系是以《消防法》为核心，以消防行政法规、地方性消防法规、各类消防规章、消防技术标准以及其他规范性文件为主干，以涉及消防的有关法律法规为重要补充的消防法律体系。

目前，消防法规体系由消防法律、行政法规、地方性法规、国务院部门规章、地方政府规章及消防技术标准组成，如表2-1所示。

表2-1 我国的消防法规体系

类别	主要立法情况	制定、颁布部门
法律	《中华人民共和国消防法》 《中华人民共和国刑法》 《中华人民共和国治安管理处罚法》 《中华人民共和国建筑法》等	全国人民代表大会及其常务委员会
行政法规	《建设工程安全生产管理条例》 《危险化学品安全管理条例》 《大型群众性活动安全管理条例》 《森林防火条例》 《草原防火条例》等	国务院

续表

类别	主要立法情况	制定、颁布部门
地方法规	根据《消防法》的原则规定，结合当地实际情况，各省、自治区、直辖市多数颁布了地方性消防法规，例如《北京市消防条例》、《上海市消防条例》等	省、自治区、直辖市、省会、自治区首府、国务院批准的较大的市的人大及其常委会
部门规章	《社会消防技术服务管理规定》 《消防产品监督管理规定》 《建设工程消防监督管理规定》 《消防监督检查规定》 《火灾事故调查规定》 《机关、团体、企业、事业单位消防安全管理规定》等	国务院部委
消防技术标准	《建筑设计防火规范》 《建筑内部装修设计防火规范》 《建筑内部装修防火施工及验收规范》 《建筑灭火器配置设计规范》 《自动喷水灭火系统设计规范》 《自动喷水灭火系统施工及验收规范》等	国务院各部委或各地方部门依据《中华人民共和国标准化法》的有关法定程序单独或联合制定颁布

1. 消防法律

消防法律是指全国人民代表大会及其常委会制定颁布的与消防有关的各项法律，它规定了我国消防工作的宗旨、方针、政策、组织机构、职责权限、活动原则和管理程序等，用以调整国家各级行政机关、企业、事业单位、社会团体和公民之间消防关系的行为规范。我国现行消防方面的法律除《消防法》之外，有关消防管理的法律规范条款还散见于各类法律文件中。例如，《中华人民共和国刑法》中就规定了与消防管理有关的放火罪，失火罪，消防责任事故罪，重大责任事故罪，危险物品肇事罪，生产、销售不符合安全标准的产品罪，妨碍公务罪，滥用职权、玩忽职守罪等内容。此外，《中华人民共和国治安管理处罚法》、《中华人民共和国城乡规划法》、《中华人民共和国产品质量法》、《中华人民共和国建筑法》等也有涉及公共安全、城乡消防规划、消防产品质量、建设工程质量等方面的条款。

2. 消防行政法规

行政法规是国务院根据宪法和法律，为领导和管理国家各项行政工作，按照法定程序制定出来的规范性文件。和消防有关的行政法规主要有《国务院关于特大安全事故行政责任追究的规定》、《危险化学品安全管理条例》、《大型群众性活动安全管理条例》、《森林防火条例》、《草原防火条例》等。

3. 地方性消防法规

地方性法规是由省、自治区、直辖市以及省级人民政府所在地市和经国务院批准的较大市的人民代表大会及其常务委员会，根据本地具体情况和实际需要，在与宪法、法律和行政法规不相抵触的情况下，制定的规范性文件。地方性消防法规，例如《北京市消防条例》、《上海市消防条例》等，这些也是消防工作的重要依据。

4. 部门消防规章

部门规章是国务院各部门在本部门职权范围内，根据法律和国务院的行政法规、决定、命令制定，并以部门首长签署命令的形式颁布的规范性文件。部门消防规章如公安部《机关、团体、企业、事业单位消防安全管理规定》、《建设工程消防监督管理规定》、《公共娱乐场所消防安全管理规定》，这些规定是为了更好地贯彻消防法律、行政法规，结合消防工作的需要而制定的，也是社会各单位和公民应当自觉遵守的。

5. 消防技术标准

消防技术标准是国务院各部委或各地方部门依据《中华人民共和国标准化法》的有关法定程序单独或联合制定颁发的，用以规范消防技术领域中人与自然、科学技术关系的准则或标准。这些消防技术标准是消防科学管理的重要技术基础，是建设、设计、施工、工程监理单位，生产单位，行政机关开展工程建设、产品生产、消防监督工作的重要依据，都具有法律效力，都必须遵照执行。

消防技术标准根据制定的部门的不同可划分为：国家标准、行业标准以及地方标准。国家标准是由国务院标准化行政主管部门制定，在全国范围内统一的技术要求。行业标准由国务院有关行政主管部门制定，并报国务院标准化行政主管部门备案，是对没有国家标准而又需要在全国某个行业范围内统一的技术要求。地方标准由省、自治区、直辖市标准化行政主管部门制定，并报国务院标准化行政主管部门备案，是对没有国家标准和行业标准而又需要在省、自治区、直辖市范围内统一的技术要求。

消防技术标准，根据其强制约束力不同，又可划分为强制性标准和推荐性标准。保障人体健康，人身、财产安全的标准和法律、行政法规规定必须执行的标准为强制性标准；其他为推荐性标准。强制性标准必须执行；推荐性标准，国家鼓励企业自愿采用。消防技术标准一般都是强制性标准。

第二节 违反消防法规的行政责任

消防行政处罚是公安机关消防机构依法对公民、法人或者其他组织违反消防法律法规的行为所给予的行政惩戒和制裁。

一、消防行政处罚种类

2008年新修订《消防法》设定了警告、罚款、拘留、责令停产停业（停止施工、停止使用）、没收违法所得、责令停止执业（吊销相应资质、资格）六类行政处罚。与1998年《消防法》相比，增加了责令停止执业（吊销相应资质、资格）行政处罚，对一些严重违反消防法规的行为特别是危害公共安全的行为增设了拘留处罚，增强了法律威慑力。

二、消防行政处罚主体

(1)《消防法》规定的行政处罚，除另有规定外，由公安机关消防机构决定。

(2) 拘留处罚由县级以上公安机关依照《中华人民共和国治安管理处罚法》的有关规定决定。

(3) 责令停产停业，对经济和社会生活影响较大的，由公安机关消防机构提出意见，并由公安机关报请当地人民政府依法决定。

(4) 生产、销售不合格消防产品或者国家明令淘汰消防产品的，由产品质量监督部门或者工商行政管理部门依照《中华人民共和国产品质量法》的规定从重处罚。

(5) 消防技术服务机构出具虚假、失实文件，情节严重或者给他人造成重大损失的，由原许可机关依法责令停止执业或者吊销相应资质、资格。

三、消防行政处罚执行

1. 一般规定

(1) 公安机关消防机构依法作出行政处罚决定时，应当告知当事人履行行政处罚决定的期限和方式，当事人应当在规定期限内予以履行。

(2) 当事人逾期不履行行政处罚决定的，作出行政处罚决定的公安机关消防机构可以采取下列措施：①将依法查封、扣押的被处罚人的财物拍卖或者变卖抵缴罚款。拍卖或者变卖的价款超过罚款数额的，余额部分应当及时退还被处罚人。②不能采取前项措施的，每日按罚款数额的3%加处罚款。③当事人逾期不执行停产停业、停止使用、停止施工决定的，由作出决定的公安机关消防机构强制执行。④当事人逾期不缴纳罚款的，依法申请人民法院强制执行。

2. 罚款决定执行

(1) 公安消防机构作出罚款决定，被处罚人应当自收到行政处罚决定书之日起15日内，到指定的银行缴纳罚款。

(2) 当事人确有经济困难，需要延期或者分期缴纳罚款的，经当事人申请和行政机关批准，可以暂缓或者分期缴纳。

(3) 当场收缴罚款的法定情形：①对违法行为人当场处20元以下罚款的。②在边远、水上、交通不便地区，被处罚人向指定银行缴纳罚款确有困难，经被处罚人提出的；遇此情形，办案人员应当要求被处罚人签名确认。③被处罚人在当地没有固定住所，不当场收缴事后难以执行的。

3. 行政拘留执行

(1) 对被决定行政拘留人，由作出决定的公安机关送达拘留所执行，对抗拒执行的，可以使用约束性警械。

(2) 被处罚人不服行政拘留决定，申请行政复议、提起行政诉讼的，可以向公安机关提出暂缓执行行政拘留的申请。公安机关认为暂缓执行行政拘留不致发生社会危险的，由被处罚人或者其近亲属提出符合法定条件的担保人，或者按每日行政拘留 200 元的标准交纳保证金，行政拘留处罚决定可以依法暂缓执行。

四、违反消防法规的具体行为类型

当事人违反法律设定的消防义务或者工作职责应当承担相应的法律后果，《消防法》专章规定了违反消防法律法规的具体行为及应受处罚类型，主要有以下 9 类。

1. 建设工程程序类

（1）依法应当经公安机关消防机构进行消防设计审核的建设工程，未经消防设计审核或者审核不合格擅自施工。《消防法》第 11 条规定：“国务院公安部门规定的大型的人员密集场所和其他特殊建设工程，建设单位应当将消防设计文件报送公安机关消防机构审核。”对大型人员密集场所和一些特殊建设工程的消防设计进行审核，目的是在建筑设计中采取各种消防技术措施，确保此类建设工程的消防安全，严把消防设计源头关，消除先天性火灾隐患。此类建设工程未依法审核或者经审核不合格，擅自施工，依据《消防法》第 58 条第 1 款第 1 项，应当依法责令停止施工，并处 3 万元以上 30 万元以下罚款。

（2）消防设计经公安机关消防机构抽查不合格不停止施工。除大型人员密集场所和其他特殊建设工程外，按照国家工程建设消防技术标准需要进行消防设计的建设工程，应当将消防设计文件报公安机关消防机构备案。对报备案的消防设计文件，公安机关消防机构抽取一部分建设工程进行消防设计审查。抽查不合格的，应当停止施工。建设单位和施工单位可以及时改正不合格的消防设计，不需要进行处罚。但对经抽查不合格仍不停止施工，不进行整改，无视消防安全的行为，应当依据《消防法》第 58 条第 1 款第 2 项，责令停止施工，并处 3 万元以上 30 万元以下罚款。

（3）依法应当进行消防验收的建设工程，未经消防验收或者消防验收不合格擅自投入使用。《消防法》第 13 条规定，对国务院公安部门规定的大型人员密集场所和其他特殊建设工程竣工后，建设单位应当向公安机关消防机构申请消防验收，未经消防验收或者消防验收不合格的，禁止投入使用。消防验收是为了保证建设工程的消防设计得以落实，确保建设工程投入使用前符合消防安全条件。未经消防验收或者验收不合格，擅自使用的，依据《消防法》第 58 条第 1 款第 3 项，应当责令停止使用，并处 3 万元以上 30 万元以下罚款。

（4）建设工程投入使用后经公安机关消防机构依法抽查不合格，不停止使用。对报竣工验收备案的建设工程，公安机关消防机构抽查发现消防施工不合格的，应当先通知建设单位停止使用，对拒不停止使用的，依据《消防法》第 58 条第 1 款第 4 项，依法责令停止使用，并处 3 万元以上 30 万元以下罚款。

（5）公众聚集场所未经消防安全检查或者检查不合格擅自投入使用、营业。公众聚集场所面向社会公众开放，人员众多，一旦发生火灾，易造成重大人员伤亡或者财产损失，影响社会稳定，因此《消防法》规定公众聚集场所在投入使用、营业前，建设单位或者使用单位应当向场所所在地的县级以上地方人民政府公安机关消防机构申请消防安全检查。未经消防安全检查或者经检查不符合消防安全要求的，不得投入使用、营业。违反本规定的，依据《消防法》第58条第1款第5项，责令停止使用或者停产停业，并处3万元以上30万元以下罚款。

（6）建设单位未进行消防设计备案或者竣工验收消防备案。根据《消防法》第10条、第12条、第13条规定，按照国家工程建设消防技术标准需要进行消防设计的大型人员密集场所和其他特殊建设工程，建设单位应当将消防设计文件报送公安机关消防机构审核，并在竣工后向公安机关消防机构申请消防验收。而其他建设单位均应当自取得施工许可之日起7个工作日内，将消防设计文件报公安机关消防机构备案，并在竣工验收后将验收结果报公安机关消防机构备案。未依法进行备案的，依据《消防法》第58条第2款，责令限期改正，处5000元以下罚款。

2. 建设工程质量类

（1）违法要求降低消防技术标准设计、施工。消防技术标准属于国家强制性标准，任何单位和人员都不得降低消防技术标准进行设计、施工。建设单位违法要求设计单位或者施工企业降低消防技术标准设计、施工的，依据《消防法》第59条第1项，责令改正或者停止施工，并处1万元以上10万元以下罚款。

（2）不按照消防技术标准强制性要求进行消防设计。建设工程的设计单位应当对其设计质量负责，不能出于市场竞争的目的或者为了经济利益，或者按照建设单位的非法要求，不依照消防技术标准的强制性要求进行设计，有此违法行为者，依据《消防法》第59条第2项，应责令改正，处1万元以上10万元以下罚款。

（3）违法施工降低消防施工质量。建筑施工企业应当对建设工程施工质量负责。一些施工企业往往迫于建设单位压力，或者出于获取更多经济利益的考虑，在施工过程中不按设计文件或者消防技术标准施工，使用不合格材料，甚至偷工减料，给建设工程质量安全带来诸多隐患，对此违法行为，依据《消防法》第59条第3项，应当责令改正或者责令停止施工，并处1万元以上10万元以下罚款。

（4）违法监理降低消防施工质量。建设工程监理单位代表建设单位对施工质量进行监理，对施工质量承担监理责任，若监理单位与建设单位、建筑施工企业串通，弄虚作假，建设工程施工质量就难以保证，会造成先天性隐患，依据《消防法》第59条第4项，对此应当责令改正，处1万元以上10万元以下罚款。

3. 消防设施、器材、标志类

（1）消防设施、器材及消防安全标志配置、设置不符合标准。消防设施、器材、消防安全标志是单位预防火灾和扑救初起火灾的重要工具，必须符合国家标准、行业标准，才能确保消防设施、器材及消防安全标志发挥应有的作用。违反本规定的，依据《消防法》第60条第1款第1项，责令改正，处5000元以上5万元以下罚款。

(2) 消防设施、器材及消防安全标志未保持完好有效。消防设施、器材及消防安全标志按照国家标准、行业标准配置、设置后，单位还应当建立维护保养制度，明确专人负责，确保完好有效。未保持完好有效的，依据《消防法》第 60 条第 1 款第 1 项，责令改正，处 5000 元以上 5 万元以下罚款。

(3) 损坏、挪用、擅自停用、拆除消防设施、器材。消防设施、器材在预防火灾和初起火灾扑救、控制火灾蔓延以及保护人员疏散方面发挥着关键作用，消防设施、器材被人为损坏、挪用、擅自停用、拆除现象目前还相当普遍，一旦发生火灾，就失去了应有的效用，影响到火灾扑救，造成火灾蔓延。对此，依据《消防法》第 60 条第 1 款第 2 项和第 2 款，单位违反本规定，应当责令改正，处 5000 元以上 5 万元以下罚款，个人违反本规定，应当责令改正，处警告或者 500 元以下罚款。

4. 通道、出口、消火栓、防火间距类

疏散通道、安全出口等疏散设施是火灾发生时人员疏散逃生的“生命之门”，消防车通道是供消防人员和消防装备到达建筑物的必要设施，防火间距是防止建筑火灾蔓延扩大的重要保障，消火栓是扑救火灾时的重要供水装置，既包括室内消火栓，也包括室外消火栓。这些设施、装置被堵塞、占用或者埋压、圈占、遮挡，以及人员密集场所门窗设置影响逃生、救援的铁栅栏、广告牌等障碍，必将危及其原有功能，在火灾发生时极易造成重大人员伤亡和财产损失。《消防法》将此类行为列为社会单位和个人的基本消防义务，依据《消防法》第 60 条第 1 款第 3～6 项和第 2 款，单位违反本义务的，责令改正，处 5000 元以上 5 万元以下罚款，个人违反本规定的，处警告或者 500 元以下罚款。经责令改正拒不改正的，由公安机关消防机构组织强制执行，所需费用由违法行为人承担。此类行为主要包括以下几种：(1) 占用、堵塞、封闭疏散通道、安全出口及其他妨碍安全疏散行为；(2) 埋压、圈占、遮挡消火栓；(3) 占用防火间距；(4) 占用、堵塞、封闭消防车通道；(5) 人员密集场所在门窗上设置影响逃生、救援的障碍物。

5. 易燃易爆、三合一场所管理类

近年来，随着我国经济社会的快速发展，“三合一”场所大量涌现，这类场所的消防安全条件与建筑使用性质不相适应，具有较高的火灾危险性，火灾事故易发、多发，造成了大量人员伤亡。为有效预防“三合一”场所火灾发生，公安部制定了公共安全行业标准《住宿与生产储存经营合用场所消防安全技术要求》(GA 703—2007)，易燃易爆危险品场所、其他场所与居住场所设置必须符合消防技术标准的特定要求。违反规定的，依据《消防法》第 61 条，责令停产停业，并处 5000 元以上 5 万元以下罚款。此类行为主要有以下几种：(1) 生产、储存、经营易燃易爆危险品场所与居住场所设置在同一建筑物内；(2) 生产、储存、经营易燃易爆危险品场所未与居住场所保持安全距离；(3) 生产、储存、经营其他物品的场所与居住场所设置在同一建筑物内，不符合消防技术标准。

6. 违反社会管理类

此类规定是自然人违反相关消防安全管理规定，应当给予行政处罚的行为，有的属于《中华人民共和国治安管理处罚法》（以下简称《治安管理处罚法》）中已经涵盖的涉及消防安全管理的一些违法行为，有的属于《消防法》规定的违法行为。根据《消防法》和《治安管理处罚法》的规定，对下列行为，应当给予警告、罚款或者拘留的处罚：(1) 违法生产、储存、运输、销售、使用、销毁易燃易爆危险品；(2) 非法携带易燃易爆危险品进入公共场所或者乘坐公共交通工具的；(3) 谎报火警的；(4) 阻碍特种车辆执行任务的（消防车、消防艇）；(5) 阻碍公安机关消防机构的工作人员依法执行职务；(6) 违反规定进入生产、储存易燃易爆危险品场所；(7) 违反规定明火作业；(8) 在具有火灾、爆炸危险场所吸烟、使用明火；(9) 指使或强令他人违规冒险作业；(10) 过失引起火灾；(11) 阻拦报警或负有报告职责的人员不及时报告火警；(12) 扰乱火灾现场秩序；(13) 拒不执行火灾现场指挥员指挥；(14) 故意破坏或伪造火灾现场；(15) 擅自拆封或使用被查封场所、部位。

7. 消防产品、电气、燃气用具类

(1) 人员密集场所使用不合格、国家明令淘汰的消防产品逾期未改。人员密集场所是消防安全重点单位，它的安全直接关系到公共消防安全。人员密集场所使用的消防产品质量是否符合要求，在发生火灾时能否发挥应有的功效，对于有效扑救初起火灾，降低火灾危害，保护人民群众生命财产安全至关重要。《消防法》修订时将人员密集场所使用不合格消防产品或者国家明令淘汰的消防产品，列为公安机关消防机构责令限期改正内容，对逾期不改正的，依据《消防法》第 65 条第 2 款，处 5000 元以上 5 万元以下罚款，并对其直接负责的主管人员和其他直接责任人员处 500 元以上 2000 元以下罚款；情节严重的，责令停产停业。

(2) 电器产品、燃气用具的安装、使用及其线路、管路的设计、敷设、维护保养、检测不符合规定。在生活中，因电器产品、燃气用具引发的火灾占据火灾总数一定比例，且呈不断上升趋势，这些火灾的发生大多与电器产品、燃气用具的安装、使用及其线路、管路的设计、敷设、维护保养、检测不符合规定密切相关。近年来，国家有关部门制定发布了一系列关于电器产品、燃气用具的安装、使用及其线路、管路的设计、敷设、维护保养、检测的消防技术标准和管理规定，不符合消防技术标准和管理规定的，公安机关消防机构应当责令违法单位或者个人限期改正，逾期不改正的，依据《消防法》第 66 条，对该电器产品、燃气用具责令停止使用，可以并处 1000 元以上 5000 元以下罚款。

8. 制度和责任制类

(1) 不及时消除火灾隐患。单位应当对自身消防安全工作全面负责，做到“安全自查、隐患自除、责任自负”，定期组织防火检查巡查，及时发现和消除火灾隐患，做好自身消防安全管理工作。公安机关消防机构作为监督部门，在消防监督检查过程中发现火灾隐患，应当通知有关单位立即采取措施消除，对不及时消除火灾隐患的，根据《消防法》第 60 条第 1 款第 7 项之规定，责令改正，处 5000 元以上 5 万元以下罚款。

（2）不履行消防安全职责逾期未改。《消防法》第 16 条、第 17 条、第 18 条分别规定了机关、团体、企事业单位、消防安全重点单位、共用建筑物单位和住宅区的物业服务企业必须履行的消防安全职责，第 21 条第 2 款是关于单位特殊工种和自动消防系统操作人员必须持证上岗并遵守消防安全操作规程的规定。单位是社会消防管理的基本单元，单位消防安全责任的落实，是社会火灾形势稳定的关键。单位消防安全责任制落实情况，也是公安机关消防机构监督检查的主要内容，对不履行法定消防安全职责的，应当责令限期改正，逾期不改正的，依据《消防法》第 67 条，对单位直接负责的主管人员和其他直接责任人员依法给予处分或者警告处罚。

（3）不履行组织、引导在场人员疏散义务。人员密集场所的现场工作人员对场所内部结构、疏散通道、安全出口、消防设施、器材的设置与管理状况十分熟悉，在火灾发生时，由现场工作人员指引在场人员疏散逃生，能够有效地减少火灾中人员伤亡。近年来发生的几起重特大火灾事故中之所以造成大量人员伤亡，也与现场工作人员没有履行其组织、引导在场人员疏散的义务有着直接关系。因此，法律将此列为人员密集场所现场工作人员的法定义务。人员密集场所现场工作人员在火灾发生时没有履行此义务，情节严重，尚不构成犯罪的，依据《消防法》第 68 条，处 5 日以上 10 日以下拘留，构成犯罪的，依法追究刑事责任。

9. 中介管理类

修订后的《消防法》首次规定了消防技术服务机构的职责、地位，为消防中介组织健康、有序发展提供了法律保障。消防技术服务机构提供消防安全技术服务，应对此服务质量负责。

（1）消防技术服务机构出具虚假文件。消防技术服务机构在消防安全技术服务过程中，应当本着科学、严谨、客观的要求履行自己的职责，若违反法律规定和执业规则，故意提供与事实不符的相关证明文件，依据《消防法》第 69 条第 1 款的规定，责令改正，处 5 万元以上 10 万元以下罚款，并对其直接负责的主管人员和其他直接责任人员处 1 万元以上 5 万元以下罚款；有违法所得的，并处没收违法所得；情节严重的，由原许可机关责令停止执业或者吊销相应资质、资格。

（2）消防技术服务机构出具失实文件。消防技术服务机构在消防安全技术服务过程中，若严重不负责任，疏忽大意而出具了不符合实际情况的证明文件，则应当承担相应法律责任。依据《消防法》第 69 条第 2 款，给他人造成损失的，依法承担赔偿责任；造成重大损失的，由原许可机关责令停止执业或者吊销相应资质、资格。

第三节 违反消防法规的刑事责任

消防刑事处罚是国家有权机关对违反消防法规和管理规定，实施危害公共消防安全的行为人，依据国家刑事法律规范给予刑事惩戒和处罚。《中华人民共和国刑法》（以下简称《刑法》）及其修正案中涉及消防安全管理工作的罪名主要有以下几种。

一、放火罪

放火罪，是指行为人故意放火焚烧公私财物，危害公共安全的行为。

1. 放火罪主要特征

（1）本罪的主体是一般主体。年满14周岁、具有刑事责任能力的自然人都可成为本罪的主体。

（2）本罪的客体是公共安全，即不特定多数人的生命、健康或重大公私财产的安全。放火行为一经实施，就可能造成不特定多数人的伤亡或者使不特定的公私财产遭受难以预料的重大损失。这种犯罪后果的严重性和广泛性往往是难以预料的，甚至行为人自己也难以控制。这是放火罪同以放火方法实施的故意杀人、故意毁坏公私财物罪的本质区别。

（3）主观方面是故意。行为人希望或者放任自己的行为可能发生危害社会的结果。从主观意愿来看，行为人是希望火灾发生的，或者对火灾的发生持放任态度。

（4）客观方面表现为行为人直接实施了放火行为。放火罪不以产生严重后果为要件

2. 放火罪刑罚

根据《刑法》第114条、第115条第1款，对放火罪的处刑是：尚未造成严重后果的，处3年以上10年以下有期徒刑；致人重伤、死亡或者使公私财产遭受重大损失的，处10年以上有期徒刑、无期徒刑或者死刑。

二、失火罪

失火罪，是指由于行为人的过失引起火灾，造成严重后果，危害公共安全的行为。

1. 失火罪主要特征

（1）本罪的主体是一般主体。达到法定刑事责任年龄（年满16周岁）、具有刑事责任能力的自然人均可成为本罪的主体。国家工作人员或者具有从事某种业务身份的人员，在执行职务中或从事业务过程中过失引起火灾，不构成失火罪。

（2）本罪的客体也是公共安全，即不特定多数人的生命、健康或重大公私财产的安全。

（3）主观方面是过失。行为人应当预见自己的行为可能发生危害社会的结果，但由于疏忽大意没有预见或者已经预见而轻信能够避免，以致造成严重后果。从主观意愿来看，行为人是不愿意火灾发生的，如果对火灾的发生持放任态度，则属于间接故意的范畴，就构成了放火罪。

（4）客观方面表现为行为人的行为直接导致了火灾的发生，并造成了严重后果。

2. 失火罪刑罚

根据《刑法》第115条第2款规定，对失火的处刑是：处3年以上7年以下有期徒刑；情节较轻的，处3年以下有期徒刑或者拘役。

三、消防责任事故罪

消防责任事故罪，是指违反消防管理法规，经公安机关消防监督机构通知采取改正措施而拒绝执行，因而造成严重后果，危害公共安全的行为。

1. 消防责任事故罪特征

（1）本罪的主体为一般主体。年满16周岁、具有刑事责任能力的自然人均可成为本罪的主体。

（2）本罪的客体为公共安全。

（3）主观方面为过失。行为人对火灾发生存在过失，由于疏忽大意没有预见或者已经预见而轻信能够避免，但对于违反消防管理法规，经消防监督机构通知采取改正措施而拒绝执行则是明知的。

（4）客观方面表现为违反消防管理法规，经公安机关消防监督机构通知采取改正措施而拒绝执行，造成严重后果。此处的“消防管理法规”包括法律、行政法规、地方性法规、国务院部门规章和地方政府规章。“严重后果”是指造成人员伤亡或者使公私财物遭受严重损失。

2. 消防责任事故罪刑罚

根据《刑法》第139条规定，对消防责任事故罪的处刑是：造成严重后果的，对直接责任人员处3年以下有期徒刑或者拘役；后果特别严重的，处3年以上7年以下有期徒刑。

四、其他相关犯罪及刑罚

除放火罪、失火罪和消防责任事故罪以外，《刑法》中规定的下列几种犯罪也与消防管理有关。

1. 重大责任事故罪

（1）概念　在生产、作业中违反有关安全管理的规定，因而发生重大伤亡事故或者造成其他严重后果的行为。

（2）刑罚　处3年以下有期徒刑或者拘役；情节特别恶劣的，处3年以上7年以下有期徒刑。

2. 强令违章冒险作业罪

（1）概念　强令他人违章冒险作业，因而发生重大伤亡事故或者造成其他严重后果的行为。

（2）刑罚　处5年以下有期徒刑或者拘役；情节特别恶劣的，处5年以上有期徒刑。

3. 重大劳动安全事故罪

（1）概念　安全生产设施或者安全生产条件不符合国家规定，因而发生重大伤亡事故或者造成其他严重后果的行为。

（2）刑罚　对直接负责的主管人员和其他直接责任人员，处3年以下有期徒刑或者拘役；情节特别恶劣的，处3年以上7年以下有期徒刑。

4. 大型群众性活动重大安全事故罪

（1）概念　举办大型群众性活动违反安全管理规定，因而发生重大伤亡事故或者造成其他严重后果的行为。

（2）刑罚　对直接负责的主管人员和其他直接责任人员，处3年以下有期徒刑或者拘役；情节特别恶劣的，处3年以上7年以下有期徒刑。

5. 危险物品肇事罪

（1）概念　违反爆炸性、易燃性、放射性、毒害性、腐蚀性物品的管理规定，在生产、储存、运输、使用中发生重大事故，造成严重后果的行为。

（2）刑罚　造成严重后果的，处3年以下有期徒刑或者拘役；后果特别严重的，处3年以上7年以下有期徒刑。

6. 不报、谎报安全事故罪

（1）概念　负有报告职责的人员在安全事故发生后，不报或者谎报事故情况，贻误事故抢救，情节严重的行为。

（2）刑罚　情节严重的，处3年以下有期徒刑或者拘役；情节特别严重的，处3年以上7年以下有期徒刑。

7. 生产、销售假冒伪劣产品罪

（1）概念　生产者、销售者在产品中掺杂、掺假，以假充真，以次充好或者以不合格产品冒充合格产品，销售金额较大的行为。

（2）刑罚　销售金额5万元以上不满20万元的，处2年以下有期徒刑或者拘役，并处或者单处销售金额50%以上2倍以下罚金；销售金额20万元以上不满50万元的，处2年以上7年以下有期徒刑，并处销售金额50%以上2倍以下罚金；销售金额50万元以上不满200万元的，处7年以上有期徒刑，并处销售金额50%以上2倍以下罚金；销售金额200万元以上的，处15年有期徒刑或者无期徒刑，并处销售金额50%以上2倍以下罚金或者没收财产。

8. 生产销售不符合安全标准的产品罪

（1）概念　生产不符合保障人身、财产安全的国家标准、行业标准的电器、压力容器、易燃易爆产品或者其他不符合保障人身、财产安全的国家标准、行业标准的产品，或者销售明知是以上不符合保障人身、财产安全的国家标准、行业标准的产品，造成严重后果的行为。

（2）刑罚　造成严重后果的，处5年以下有期徒刑，并处销售金额50%以上2倍以下罚金；后果特别严重的，处5年以上有期徒刑，并处销售金额50%以上2

倍以下罚金。

9. 妨碍公务罪

（1）概念　以暴力、威胁方法阻碍国家机关工作人员依法执行职务的行为。

（2）刑罚　处3年以下有期徒刑、拘役、管制或者罚金。

10. 滥用职权、玩忽职守罪

（1）概念　国家机关工作人员滥用职权或者玩忽职守，致使公共财产、国家和人民利益遭受重大损失的行为。

（2）刑罚　处3年以下有期徒刑或者拘役；情节特别严重的，处3年以上7年以下有期徒刑。刑法另有规定的，依照规定。

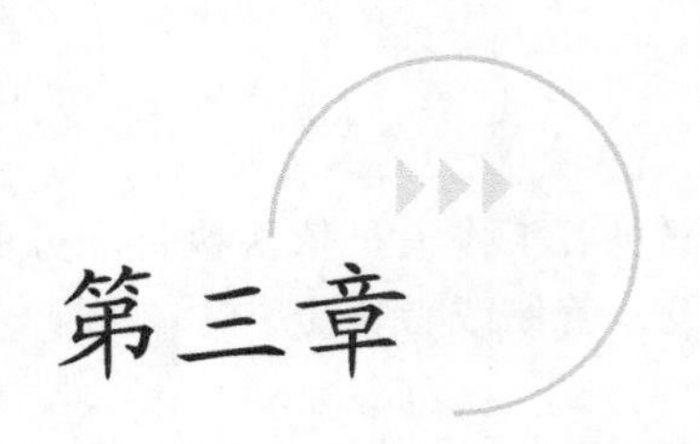

第三章 火灾的预防

近年来，随着经济的快速发展，在生产和生活中容易引起火灾发生的易燃可燃物品的使用越来越多，发生火灾的危险性也相应增加，火灾发生频率和造成的财产损失及人员伤亡数量总体呈现上升趋势。据资料统计，从1998年到2010年间，全国共发生火灾1757099起，每年的火灾直接经济损失高达12.08亿元左右，平均每年约有2000左右人员在火灾中失去生命。因此，如何做好火灾的预防，有效减少人员伤亡和财产损失，是当今社会消防安全管理工作的首要问题。

火灾和任何灾害事故一样具有突发性、随机性和偶然性，虽然火灾发生的原因随着经济的发展和科学技术的进步变得越来越复杂，但实际上都是各种不安全因素在一定条件下发展的必然结果。大量火灾统计资料表明，火灾原因主要分为电气原因、吸烟原因、放火原因、玩火原因、生产作业不慎原因、生活用火不慎原因、雷电、静电原因等。而不同原因的火灾预防方法也不一样，因此本章结合典型火灾案例，分类介绍不同原因引发的火灾的预防措施。

第一节　电气火灾的预防

电气设备随着经济的发展，其功能种类越来越多，技术要求越来越高，而不安全因素的“隐蔽性”也越来越大，电气致灾的发生率也越来越高。有关统计资料表明，电气火灾是火灾发生的主要原因之一，约占火灾总数的四分之一以上。因此，必须把握电气致灾的规律和特点，才能有效地减少火灾，杜绝电气恶性火灾的发生。

一、典型电气火灾案例分析

【案例3-1】 2000年3月29日凌晨3时许，河南省焦作市天堂音像俱乐部发生特大火灾事故，死亡74人，烧伤2人，直接财产损失19.95万元。

分析如下。

（1）起火单位基本情况　该音像俱乐部位于解放中路292号，其前身为蔬菜公司商场，该商场始建于1965年，坐南向北，单层砖木结构，三级耐火等级。该建筑东距蔬菜副食品总公司第二分公司办公楼2.05m，西连影厅，南距宾馆餐厅5m，北邻解放路。音像俱乐部为旧房改造而成，俱乐部南北长48.85m，东西宽13.35m，建筑面积652m²，分为大厅、投影厅、包间区三部分。第一部分为大厅，从北门经门厅进入大厅，大厅建筑面积52m²，大厅西侧有一吧台和放映间，东侧为厨房、厕所。第二部分为投影厅，由大厅向南进入投影厅，投影厅建筑面积168m²，中央南北走向设一个通道，西侧布置座椅240个，投影幕设于南端靠墙处，投影厅北墙只有一个1.2m宽的疏散出口通向大厅。第三部分为包间区，与投影厅一墙之隔，位于投影厅东侧，由大厅向东经铝合金玻璃门再向南进入包间区，该区中间有一宽1.1m、长21.15m的通道，通道两侧共设包间16个，在通道中部东侧有一通向室外的向内开启的铁门，宽0.85m，通道南端有一通向室外的铝合金卷闸门，宽1.5m，两疏散门平时均上锁。

1999年5月初，一韩性人员将商场中间168m²改造装修成录像投影厅，将投影厅东侧173m²转给他人王××，王××将所租场所改造装修成16个录像放映包间。之后韩××与蔬菜副食品总公司第二分公司于1999年5月31日签订了租赁协议，租期两年。1999年8月，韩××未经卫生部门的审批，在改建装修时未报公安消防机构审批、验收，开业前也未申报消防安全检查，就擅自营业。

（2）起火简要经过及初期火灾处置情况　据调查，2000年3月29日零时许，有两人在15号包间看录像时，从14号包间搬了一个电热器放在沙发前取暖，2人凌晨1时许离开时未关闭电热器。后又有人到该包间休息，继续使用该电热器，凌晨2时30分左右，该人离开，仍未关闭电热器。凌晨3时许，在13号包间看录像的丰××发现有烟从相邻的15号包间墙缝渗进来，即出来查看，发现15号包间起火，急返13号包间叫醒其友向外逃命。该俱乐部服务员在大厅吧台处发现起火后，叫醒在放映间睡觉的牛×，牛×又叫醒了在休息室睡觉的韩××。此二人发现起火后，匆忙跑出录像厅。由于没有及时报警和处置，加之该场所建筑耐火等级低，大量使用易燃可燃材料装修，安全出口、疏散通道宽度严重不足且被堵塞，没有疏散指示标志、应急照明和消防器材，致使起火后迅速蔓延并产生了大量一氧化碳等有毒气体，造成74人死亡。

（3）火灾伤亡及损失情况　该音像俱乐部发生特大火灾，死亡74人（男性63人，女性11人），伤2人，烧毁俱乐部及毗邻建筑800m²，直接财产损失近20万元。

（4）火灾成因分析及主要教训　火灾发生后，经现场勘查发现，15号包间内距东墙1.26m、距北墙0.4m处发现有一石英管电热器残骸。据最后离开该包间的服务员韩×等人证实，起火前该石英管处于通电状态。同时，对在15号包间内提取的导线熔痕、炭化物、墙壁附着烟尘，以及其他房间未过火的沙发布料、沙发内填充的聚氨酯泡沫和墙壁装饰布料分别进行了技术鉴定，未发现有因导线自身故障而形成的熔痕；未检出汽油、煤油、柴油等易燃液体燃烧残留物成分；沙发布料、聚氨酯泡沫和墙壁装饰布料均为易燃材料。初步认定，此次火灾起因是15号包间内石英管电热器，进行模拟实验，其结果与认定相符合。

最后认定结论为；此次火灾是由 15 号包间内的石英管电热器其靠近的易燃材料所造成。

该录像厅老板韩××违反消防法规，未向消防部门申报就擅自开业，属非法经营。造成伤亡惨重的原因分析有四点：

第一，录像厅建筑结构耐火等级低。该录像厅是由菜市场改建而成，属砖木结构，后来又进行违章装修，使用了大量可燃、易燃物。

第二，发现晚、报警迟。当救援警力到达现场时，屋顶已大面积塌陷，很多人已被埋在下边。

第三，火灾发生在凌晨三时许，很多人已经睡着，燃烧产物中有毒气，很多死者都是先窒息之后被烧死。

第四，火灾发生时，录像厅大门被反锁。几个侧门被锁住，人们逃生无门。

【案例 3-2】 1994 年 12 月 8 日，新疆克拉玛依市友谊馆发生恶性火灾事故，造成 325 人死亡、132 人受伤。

分析如下：

(1) 起火单位基本情况　友谊馆位于公园南侧，坐东朝西，始建于 1958 年，1991 年重新装修后投入使用。该友谊馆为砖混结构，设有前厅、观众厅、南北过厅和舞厅（如图 3-1 所示），建筑面积 3556m²。

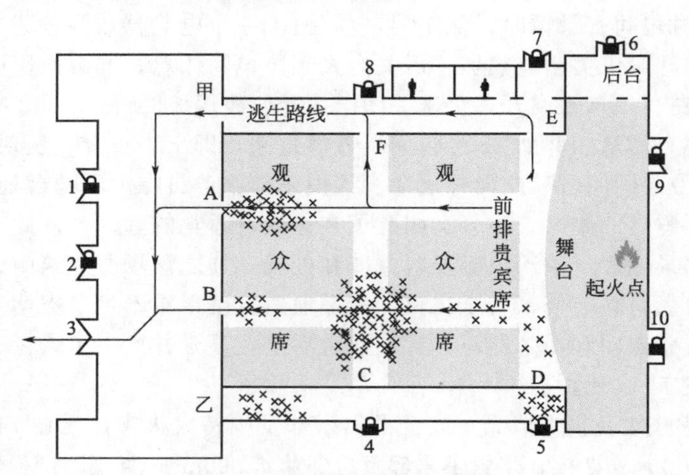

图 3-1　友谊馆大火逃生平面示意图

注：1. 甲、乙为用于分割前厅与回廊而加装的横开式钢制栅栏门，仅甲门开启。

2. 1、2、3 号门加装了电动卷帘门；4、5、7、8 门外侧加装了铁栅栏防盗门。

3. 图中带锁图标的门当时均锁死。外侧门仅 3 号卷帘门正常打开，但火灾后不久，短路停电，该卷帘门下落；6 号门虽然上锁但被气流冲开。

4. 图中 A 到 F 门为内厅木门，C 和 D 锁闭。

5. 图中墙壁上的红色区域为窗子的位置，友谊馆的窗子也全部加装了金属防盗网。

6. 图中 X 所示为遇难者的大致分布。

（2）起火简要经过及初期火灾处置情况　1994 年 12 月 8 日，在该友谊馆举办专场文艺汇报演出，共计 796 人到会。当日 18 时 5 分文艺汇演活动开始，当进行第二个节目时，台上演员和台下许多人看到舞台正中偏后上方掉火星。据火灾现场幸存者 9 岁赵××描述，当她报幕后回到舞台北侧大幕旁时，突然看到舞台正中偏后北侧上方灯光处掉火星和片状物；在观众席前排正中就座的朱××看到舞台上面有火，即跑上舞台试图将上部着火的纱幕拽下来，但未能拽下来。

起火后，当时负责拉大幕的人员到台下和其他人一起将一具推车式泡沫灭火器抬到了舞台前，但未打开。由于舞台空间大，13 道幕布都是高分子化纤织物，火势迅速扩大形成立体燃烧，火场温度短时间内迅速增高（据有关资料，通常舞台燃烧时温度可达 1000～1200℃），并伴随大量有毒可燃气体产生，从而使舞台燃烧区空气压力急剧增大。伴随悬吊在舞台上空 15m 处银幕及配重钢管及大量可燃物、高温灯具从高空坠落，瞬间产生向四周冲击的强大灼热气浪（即火场幸存者感受到的热浪），使火势由舞台以极快的速度向观众厅蔓延，现场一片混乱。

第一批逃生者由友谊馆后排唯一开着的卷帘门逃出，但不久后卷帘门便因断电而掉落下来，使得 8 个外侧安全门均被封闭（但可能此卷帘门在人们的支撑下没有完全封死）。馆外的人们试图用各种器械撬开出口。有人扳起防盗门钢条、砸开窗户的铁栅栏，让里面的人钻出来。第三辆消防车才带来了消防斧。但由于火势蔓延极快，大火仅仅持续了约 20min 就已经结束了。

（3）火灾伤亡及损失情况　该场火灾造成在场的 325 人死亡，130 人受伤，直接财产损失 210.9 万元。

（4）火灾成因分析及主要教训　火灾发生后，总队组织有关调查人员会同当地公安、检察、企业消防等七个部门组成联合调查组，进入现场勘察和调查访问，并经过公安部火灾事故调查专家技术鉴定，并认定火灾是因为舞台正中偏后北侧上方倒数第二道 1000W 的光柱灯距纱幕过近，光柱灯高温烤燃纱幕起火，迅速蔓延所致。

据调查，火灾的过火面积并不大，火灾造成重大伤亡的主要原因和教训有以下几点：

① 安全疏散门上锁关闭，全部加了铁栅栏、推拉门，严重违反了当时的《中华人民共和国消防条例》第 11 条的规定："人员集中的公共场所，必须保持安全出口疏散通道的畅通无阻"。

② 友谊馆室内的室内装修、舞台用品大部分采用易燃可燃材料：吊顶采用了五合板；座椅从外到里依次是化纤布、人造革、聚氨酯泡沫和麻袋片；舞台十三道幕布全部是化纤材料，还有一个金属幕布（这个幕布也烧着了）。导致空气中弥漫着大量有毒气体。

③ 并且在知道友谊馆舞台曾经着过火的情况下，仍疏于整改，消防器材欠缺

不全，南侧回廊很可能被当作仓库来使用，堆放着冰柜、沙发、自行车等杂物。

二、电气火灾的定义和特点

1. 电气火灾的定义

电气火灾是指因为电气设备、线路故障或其安装、使用、维护不当造成的火灾。

2. 电气火灾的特点

（1）电气火灾的季节性特点　电气火灾多发生在夏季和冬季。夏季雨多、雷多，气候变化大、气温高、环境温度高，电器易受潮、损坏，较容易发生火灾。冬季天干物燥、夜长昼短，电力负荷增大，容易发生电器火灾。冬季电气火灾高于其他季节，据统计资料显示，连续10年均符合这一规律。

（2）电气火灾的时间性特点　电气火灾往往发生在节日、假日或夜间。由于有的电气操作人员思想不集中，疏忽大意，在节、假日或下班之前，对电气设备及电源不进行妥善处理，便仓促离去；也有因临时停电便不切断电源，待供电正常后引起失火。往往由于失火后，节、假日或夜间现场无人值班，难以及时发现，而蔓延扩大成灾。

三、电气火灾发生的原因和预防措施

1. 电气火灾发生的原因

电气火灾的发生，主要是由于电气设备或线路设计、安装、维护、使用操作不当或电器元件质量低劣，从而造成短路、过载、接触不良、漏电等，引起过热或电火花，进而导致火灾的发生。主要表现在以下几方面：

（1）短路　电气线路的火线与零线、火线与地线碰在一起，引起电流突然增大的现象就叫短路，俗称碰线、混线或连线。短路时，在一瞬间会产生很高的温度和热量，大大超过了线路正常输电时的发热量，可以使电线的绝缘层燃烧，甚至使金属导线熔化，引起附近的可燃物燃烧，造成火灾。

短路是电气设备最严重的一种故障状态，产生短路的主要原因有：①电气设备的选用、安装和使用环境不符，致使其绝缘体在高温、潮湿、酸碱环境条件下受到破坏；②设备使用时间过长，超过使用寿命，绝缘老化发脆；③使用维护不当，长期带病运行，扩大了故障范围；④过电压使绝缘击穿；⑤错误操作或把电源投向故障线路。

（2）过载　过载是指电气设备或导线的功率或电流超过其额定值，也叫过负荷或超负荷。一般导线的最高允许工作温度为65℃。当过载时，导线的温度超过这个温度值，会使绝缘加速老化，甚至损坏，引起短路火灾事故。

造成过载的原因有：①设计、安装时选型不正确，使电气设备的额定容量小于实际负载容量；②设备或导线随意装接，增加负荷，造成超载；③检修、维护不及时，使设备或导线长期处于带病运行状态。

(3) 接触不良 导体连接时，在接触面上形成的电阻称为接触电阻。接头处理良好，则接触电阻小；连接不牢或其他原因，使接头接触不良，则会导致局部接触电阻过大，产生高温，使金属变色甚至熔化，引起绝缘材料中可燃物燃烧。例如，2000 年 1 月 9 日某市一酒店发生火灾，就是酒店某房间隔墙上的电源插座板与导线接触不良，接触电阻过大发热引起可燃装饰材料发生火灾，造成 12 人死亡，12 人受伤。

接触不良主要发生在导线连接处：①电气接头表面污损，接触电阻增加；②电气接头长期运行，产生导电不良的氧化膜，未及时清除；③电气接头因振动或由于热的作用，使连接处发生松动、虚接、打火；④铜铝连接处，因有约 1.69V 电位差的存在，潮湿时会发生电解作用，使铝腐蚀，造成接触不良。接触不良，会形成局部过热，形成潜在点火源。

(4) 漏电 电线由于长时间使用，其表面的绝缘层会老化，失去绝缘作用，造成导线与导线或导线与大地间有微量电流通过，这种现象就是漏电。人们常说的走电、跑电就是漏电的一种别称。漏电不仅会造成人员触电，严重时漏电产生的火花和高温还会成为着火源，引燃周围可燃物造成火灾。

漏电的原因有：①电气工程安装不良。如低压进户线在进户处附近安装不良，使导线接触建筑物的异电构件，用钉子固定电线，钉子接触芯线或钉子穿过木线槽损坏电线绝缘皮，造成漏电烧焦绝缘层或者木线槽。②电气设备装配不良，如露天用电设备、成束的各种电气线路的配线和电气设备内部的配线，尤其是导线的接头处理不好，容易发生漏电。③各种电器内部绝缘物的老化、损坏、腐蚀气体的侵蚀和机械损坏绝缘层等。

2. 电气火灾的预防措施

(1) 电气线路火灾防范措施 大量事实证明，建筑物电气线路火灾应重点抓好导线选型、配线、安装、防护、监督管理等环节。

① 合理选择导线规格型号。导线敷设应按照机械强度、发热条件（安全载流量）、允许电压、导线绝缘保护等四个条件，选择导线的规格型号，保证导线满足安全用电需要。一般来说，公众聚集场所应选择铜芯阻燃护套线，或非延燃护套线、金属护套线。导线绝缘强度不应低于 500V，导线最小允许截面：铜芯导线 2.5mm 以上、铝芯导线 6.0mm 以上。

② 正确选用配线方式。建筑物内的配线方式有明、暗配线两种。配线方式的选用，应综合考虑配线场所机械损伤、化学作用、虫蛀鼠咬、隔离防护和美观要求等因素。一般来说，进入建筑物的夹层或吊顶的导线，其配线方式应采用穿金属管、阻燃塑料管明敷或暗敷，如不穿过可燃夹层和吊顶，可瓷柱明敷。

③ 合理设置保护装置。建筑物布线应设置过负荷、失压和接地故障等保护装置。大体来说：a. 电源总配线和各分支电路应安装熔断器、断路器等短路保护装置，大功率用电设备应单独安装。b. 公用建筑、高层、地下建筑中靠近可燃构件（装修材料）的线路或采用非阻燃电线、电缆敷设的线路，均可安装热过载保护装

置。c. 商场、歌舞厅等人员活动复杂、火灾危险性大的场所，为避免用电管理失误造成火灾，应根据建筑物内几种不同用电要求，分成若干供电回路，在每个回路装设一块控时集成电路板与接触器连接，并分别调定断、送电时间。然后，集中装设在一个壳体内，安装于配线柜（箱）中。

④ 实行建筑物布线跟踪管理措施。特别是暗敷布线，一旦失去跟踪管理，仅靠竣工检查验收是难以发现问题的，即使发现了问题，整改难度也大。消防部门对高层、地下建筑、大型公众聚集场所等重要建筑物，在暗敷布线覆盖前，应派人员到现场检查，切实把好布线中的防火安全关。

⑤ 建筑配电线路敷设在闷（吊）顶内时，应符合下列防火要求。

a. 配电线路敷设在有可燃物的闷顶内时，应采取穿金属管等防护措施。b. 配电线路敷设在无可燃物的吊顶内时，宜采取穿金属管、封闭式金属线槽或难燃材料的塑料管等防火保护措施。

（2）用电设备火灾防范措施

① 在设计、安装用电设备时，要严格按照国家有关技术规范进行，以免留下先天隐患。同时，要充分考虑整个建筑物用电系统的总容量，选择安装保护装置。坚决杜绝用铜线、铁丝代替熔体保险丝的现象，熔体的选择要与用电设备的安全载流量相适应。

② 在使用、操作电气设备时要严格遵守操作规程。要经常检查电气设备的连接处、裸露处有无松动或黏附可燃物现象。如发现连接处松动，要尽量拧紧螺丝或焊接牢固，以避免连接松动造成接触电阻过大引起局部过热，对已产生过电弧、残存有碳化物的要及时清理。对裸露处堆积的可燃粉尘或油污也要及时清理。

③ 要加强对电气设备的日常管理，如发现电气设备周围堆放有可燃物品，要及时清理。

④ 多层建筑照明灯具的防火要求：a. 开关、插座、照明灯具靠近可燃物时，应采取隔热、散热等防火保护措施。b. 卤钨灯、大于100W白炽灯泡的吸顶灯、槽灯、嵌入式灯，其引入线应采用瓷管、矿棉等不燃材料作隔热保护。c. 大于60W的白炽灯、卤钨灯、高压钠灯、金属卤灯光源、荧光高压汞灯（包括镇流器）等，不应直接安装在可燃构件或可燃装修材料上。d. 可燃材料仓库内不应设置卤钨灯等高温照明灯具，宜使用低温照明灯具，并应对灯具的发热部件采取隔热等保护措施。e. 配电箱及开关宜设在仓库外。

⑤ 高层建筑照明灯具的防火要求：a. 开关、插座、照明灯具靠近可燃物时，应采取隔热、散热等保护措施。b. 卤钨灯和大于100W白炽灯泡的吸顶灯、槽灯、嵌入式灯的引入线应采用保护措施。c. 白炽灯、卤钨灯、荧光高压汞灯、镇流器等不应直接设置在可燃构件或可燃装修材料上。d. 可燃物品库房不应设置卤钨灯等高温照明灯具。

⑥ 高层建筑内火灾危险性大、人员密集的场所宜设置电气火灾监控系统。

⑦ 多层建筑的下列场所宜设置剩余电流动作保护装置：a. 按一级负荷供电且高度大于50m的乙、丙类厂房和丙类库房。b. 按二级负荷供电且室外消防用水量大于30L/s的厂（库）房。c. 按二级负荷供电的影剧院、商店、展览馆、广播电视楼、电信楼、财贸金融楼和室外消防用水量大于25L/s的其他公共建筑。d. 国家级文物保护单位的重点砖木结构或木结构的古建筑。e. 按一、二级负荷供电的消防用电设备。

（3）家用电器火灾防范措施

① 电视机

电视机着火的常见原因有：散热不良、电压不稳、未断电源、高压放电、遭受雷击、人们的疏忽大意。

电视机着火的预防措施：a. 电视机要放在通风良好的地方，不要放在柜子中。如放在柜子里，在柜子上应多开些孔洞，以利通风散热。b. 电视机不要靠近火炉、取暖器。连续收看时间不宜过长，一般连续收看4～5h后应关机一段时间。c. 电源电压要正常，看完电视后，要切断电源。d. 电视机应放在干燥处，在多雨季节，应注意电视机防潮，电视机若长期不用，要每隔一段时间使用几小时，使电视电路保持干燥。e. 勿让电视机“带病”工作，如发现异常，送专业维修部门检查。f. 电视机收看一段时间后，如积尘太多需清除，应拔下插头，打开机盖，用吸尘器或软毛刷清除灰尘。g. 室外天线或共用天线要有防雷设施。避雷器要有良好的接地，雷雨天尽量不用室外天线。

② 洗衣机

洗衣机着火的常见原因有：电机线因绝缘损坏、电线接触不良、电容器爆燃、电气元件损坏。

洗衣机着火的预防措施有：a. 洗衣前，应检查衣服口袋，是否有钥匙、小刀、硬币等物品，这些硬东西不要进入洗衣机内。b. 每次所洗衣服的量不要超过洗衣机的额定容量，否则由于负荷过重可能损坏电机。c. 严禁把汽油等易燃液体擦过的衣服立即放入洗衣机内洗涤。更不能为除去油污给洗衣机内倒汽油。d. 接通电源后，如果电机不转，应立即断电，排除故障后再用；如果定时器、选择开关接触不良，应停止使用。e. 电源电压不能太低或太高。若电源电压波动超过10%，即低于198V或高于242V时，应停止使用。f. 使用结束后，必须将电源插头拔下，以免使洗衣机长期处于待机状态。

③ 电冰箱

电冰箱着火的常见原因有：a. 接水盘较小，化霜时水从接水盘溢出流入电气开关漏电打火，引起内壁塑料燃烧。b. 冰箱内存放易燃易爆化学危险物品，有些需要低温保存的危险物品。如乙醚放在冰箱里有挥发气体，达到爆炸浓度，在电冰箱启动运作过程中电气元件产生的火花就能引发爆炸。c. 冰箱内导线接头多，若接触不良，接触电阻过大，导线接头处就会发生放热、打火现象。d. 因为冰箱需要不间断地工作，背面散热器周围如果堆放杂物，则会导致散热不良，热量聚集，引起杂物自燃，发生事故。

电冰箱着火的预防措施有：a. 启用新买来的电冰箱时，要抽掉电冰箱下面的包装材料，如发泡塑料、纸板等。如要放，一定要把温度控制器改装到外面。b. 防止电冰箱的电源线与压缩机、冷凝器接触。c. 保证电冰箱后部干燥透风，切勿在电冰箱后面塞放可燃物。d. 不要用水冲刷电冰箱，防止温控电气开关进水受潮。e. 电冰箱工作时，不要连续地堵截和接通电源，电冰箱断电后，至少要过5min才可重新启动。f. 不要在电冰箱内储存乙醚等低沸点化学危险物品。

④ 空调

空调着火的常见原因有：a. 空调器在断电后瞬间通电，此时压缩机内部气压很大，使电动机启动困难，产生大电流引起电路起火。b. 轴流或离心风扇因机械故障被卡住，风扇因故障停转，使热量积聚，导致过热短路起火。c. 安装不当、电线接头处理不当、接触电阻过大或穿过孔洞导线绝缘破损而引起的电线短路；安装时将空调器直接接入没有保险装置的电源电路。d. 控制面板密封不严，壁虎等爬进控制板引起线路板短路。e. 可燃物太靠近空调机，空调吹出的热风导致可燃物温度上升，导致自燃。

空调着火的预防措施有：a. 选购空调机要注意质量，尤其是电容器质量。b. 空调器必须采用接地或接零保护，对全封闭压缩机的密封接线座应经过耐压和绝缘试验，防止其引起外溢的冷油起火。c. 空调机控制面板应密封，检修完毕应检查是否有小动物进入机内，并及时盖好。d. 空调机运转时发出不规则的“嗡嗡”声，或者制冷效果不好时应请专业维修机构进行检查。e. 空调机制热时，如风扇电机停转，要及时切断电源。f. 空调器周围不得堆放易燃物品，窗帘不能搭在窗式空调器上。g. 空调器应定期保养，定时清洗冷凝器、蒸发器、过滤网、换热器，擦除灰尘，防止散热器堵塞，避免火灾隐患。

第二节 吸烟引发火灾的预防

吸烟不仅可对身体带来危害，可以诱发多种心脑血管疾病、呼吸道和消化道疾病等，烟蒂和点燃烟后未熄灭的火柴梗也可能作为点火源，引起火灾的发生，带来很大的危害。

据《中国火灾大典》“1981～1994年全国火灾原因损失统计表”显示，14年间因吸烟共发生火灾4.6万多起，占此间发生火灾总数的9.39%；14年间全国因吸烟而发生的火灾造成直接经济损失达4.35亿元，占此间火灾造成的直接经济损失总额的7.69%；这14年间，平均每次因吸烟而引发的火灾造成的直接经济损失达9400多元。

《2002年中国火灾统计年鉴》统计结果表明，1992～2001年间，全国因吸烟引发火灾67738起，占这10年间火灾总数的6.39%。

2012年，全国因吸烟引发的火灾占到了总数的6.2%。

一、典型吸烟引发火灾的案例分析

【案例 3-3】 1994 年 11 月 27 日，辽宁阜新艺苑歌舞厅发生特大火灾，共造成 233 人死亡，20 人受伤，直接财产损失 12.8 万余元。

分析如下：

(1) 起火单位基本情况　该歌舞厅原是该市评剧团排练厅，是一个 200 多平方米的陈旧的一层建筑。1992 年 7 月租赁给个人承包经营。歌舞厅为单层砖木结构（砖墙、木门窗、人字形木架屋），房顶为石棉瓦，属三级耐火等级。该舞厅分为大厅主体建筑和与主体建筑南侧相连的附属建筑两部分，总建筑面积 $303m^2$。歌舞厅有两个出入口，东北角的出入口，内门宽 0.8m，外门宽 0.87m，两门之间有一小过厅，内、外门口均有一个 5 步台阶（每步 0.2m）；西南出入口为太平门，通向院内，宽 1.8m，发生火灾前，门上栓挂锁。歌舞厅 6 个窗户被封堵，4 个窗户装有铁栅栏。

1994 年 5 月，承租人王×对该歌舞厅进行装修，但并没有按照规定报经消防部门审核。大厅吊顶采用胶合板、贴顶纸，墙壁为化纤装饰布；3 个雅间均采用化学纤维板吊顶，墙壁上附着化纤装饰布，门边框用宝丽板装修；该舞厅靠墙壁放置沙发 80 余个，沙发表皮为人造革面料，内垫为聚氨酯泡沫，经试验，舞厅选用的化纤装饰布容易燃烧，燃烧时产生大量有毒烟雾，并伴有带火的熔滴；电器线路采用截面为 $4mm^2$ 的铝芯和铜芯塑料线，电线未穿阻燃管或金属管；该舞厅太平门及出入口未设疏散指示照明和应急照明灯。

(2) 起火简要经过及初期火灾处置情况

灾难发生在 1994 年 11 月 27 日，着火这天，正是星期日，来歌舞厅的人络绎不绝，只有 $140m^2$ 的舞池的小歌舞厅至少进去 300 人。

13 时 28 分左右，在 3 号雅间（$5m^2$ 多），一青年舞客从沙发空隙中取出一张报纸卷成圈，点燃吸烟，随手又塞进座下的沙发，引燃了里面的纸张，又烧着了墙上的装饰布。

13 时 30 分，一个雅间里冒出缕缕青烟，烟很快变成了熊熊烈火。惊呼中，人们向门口涌去。可是门只有 0.8m 宽，而且舞池呈凹状，要出门，还要上五级台阶。平时都觉得不便，如今却真要了命。3m 多高的窗户攀不上，求生之门又太小，两百多人挤成一团，却又出不去。

13 时 37 分，消防中队接到电话报警。13 时 42 分，消防中队及时到达火场，此时火势已经猛烈燃烧。但为时已晚，在灭火救人的战斗中，除在舞厅的偏厦厕所里救出一名重伤者外，再没有寻到尚活着的人。大量的死亡发生在灭火战斗之前。

(3) 火灾伤亡及损失情况　这次火灾共造成 233 人死亡，20 人受伤，直接财产损失 12.8 万余元。

(4) 火灾成因分析及主要教训　一个小的歌舞厅，两个门分别通向街道和院落，竟在大白天造成了重大的伤亡，主要原因和教训有以下几点：

① 明火点燃可燃装饰材料，火灾发展迅速。经模拟实验证明，该处装饰布点燃后只需 10.94s 即发展蔓延至顶棚，同时向周围迅速蔓延。

② 一氧化碳中毒，众多人员丧失逃生能力。由于火场封闭较严，开口较少，火从雅间窜出只 5min，大厅屋面还没有大面积燃着，一氧化碳浓度就达到 10%。保守的说，2～3min 中内大厅的一氧化碳浓度就会达到或超过 1%。

③ 舞厅严重超员，太平门封闭。在人多慌乱拥挤情况下，在门口净宽低于 1.4m 时即可将人流卡住，人流一股一股间断涌出。

④ 缺乏疏散引导。现场工作人员没有及时组织疏散，舞客没有疏散逃生意识。

二、烟支的燃烧

1. 烟支的燃烧过程

烟支的燃烧是一个非常复杂的物理、化学变化过程。据科学研究发现，在烟支点燃的过程中，当温度上升到 300℃时，烟丝中的挥发性成分开始挥发而形成烟气；上升到 450℃时，烟丝开始焦化；温度上升到 600℃时，烟支被点燃而开始燃烧。

一支烟的着火时间大概为 4～15min。假如剩下的一个烟头为烟长的四分之一，那么也就是说这个烟头的燃烧时间为 1～4min，有时可长达半个多小时。在这段时间内如处置不当，小小烟头足以将一般可燃物点燃，经过一段时间阴燃后，由阴燃到明火再成火灾也就在所难免。

2. 烟支燃烧的形式

烟支燃烧有两种形式：一种是抽吸时的燃烧，称为吸燃；另一种是抽吸间隙的燃烧，称为阴燃。

（1）吸燃　燃烧区位于烟支的前部，主要由炭化体组成，抽吸时，中心温度最高约 825～850℃。而卷烟纸燃烧线前方 0.2～1.0mm 处温度最高可达 910℃，这里也是空气进入燃烧区最多的地方。燃烧区的气相温度相对较低，抽吸过程中的温度变化在 600～700℃之间，抽吸结束后，燃烧区的固相温度在 1s 内，从 900℃以上急剧冷却至 600℃左右。

（2）阴燃　在抽吸间隙的阴燃阶段，卷烟燃烧区附近自然对流的空气向上流动，支持卷烟的燃烧。

三、吸烟引发火灾的原因和预防措施

1. 吸烟引发火灾的原因

因吸烟引起的火灾事故主要分为以下四种：

（1）躺在床上或沙发上吸烟引起火灾。据了解，一些人喜欢躺在床上或沙发上吸烟，特别是在喝醉酒或过度疲劳的情况下，人处于麻痹状态，在不知不觉中将带火的烟灰或者烟头掉在衣服、被褥、沙发或地毯等可燃物上，引起火灾。

（2）工作时吸烟，烟灰引起火灾。一些人在工作时吸烟，特别是在拿取货物、搬运东西、查找资料、翻阅报刊等情况下，叼着香烟或随意弹烟灰或将燃着的烟随意放在堆着纸张的桌上、窗台上、货架上等，也容易引燃周围的可燃物。

（3）禁烟区违规吸烟，引发重大火灾。生产、贮存、使用、运输易燃物品的场所是严禁吸烟的，工人违反规定在这些区域中吸烟，极易引发重特大火灾。

（4）不管场合，随手乱丢烟头引发火灾。随手乱丢烟头，是吸烟引起火灾的最普遍原因。有的把烟头扔在可燃物里，有的扔进废纸篓中，有的从窗口扔出掉落在晾晒的衣物或吹落在装运可燃物的车辆上等。烟头就在这些地方慢慢阴燃，一起火灾可能就在“随随便便”中发生了。

2. 吸烟引发火灾的预防措施

吸烟引起火灾，最关键的是习惯和细节。因此，预防吸烟引发火灾，就要杜绝以下几个吸烟习惯：

（1）醉酒后吸烟；

（2）躺在床上或沙发上吸烟；

（3）开车吸烟，或者别人给驾车人员点烟；

（4）从车里向外扔烟头；

（5）把点燃的香烟随手放在烟缸上；

（6）不管场合，随手乱丢烟头。

第三节 放火引发火灾的预防

放火类火灾往往发生突然，破坏力大，在给国家和人民生命财产造成严重损失的同时，也极易造成社会恐慌。在国外，放火占火灾中的比例比较大。如美国火灾防护协会的统计，在50万起美国火灾案例中，竟有25%是由纵火者或者疑似纵火者造成的。在我国，每年的放火案件在5000～8000起，约占火灾调查案件总数的6%。

一、典型放火的火灾案例分析

【案例3-4】 2002年6月16日凌晨2时40分许，北京“蓝极速”网吧发生火灾，共造成25人死亡，12人受伤，直接财产损失26.3万余元。

分析如下：

（1）起火单位基本情况　该网吧位于某大院粮店二层，建筑面积220m²，分为1个大厅和11个房间，其中大厅和5个房间作为电脑机房使用。2001年6月9日，两公司签订《房屋租赁合同》，将一层西半部和二层全部共450m²的建筑出租。此后，其中一公司又将二层220m²转让给郑××个人经营网吧。网吧内有联网的PC机92台和服务器等辅助设施。经查，该网吧开业前未向文化、工商、公安等部门申报审批，于2002年3～4月份擅自营业，属于违法经营的“黑”网吧。

(2) 起火简要经过及初期火灾处置情况　案发两周前，一初二辍学学生宋××(男，14岁)和另一初一辍学学生张××(男，13岁)到该网吧上网，因钱不够被网吧的服务员奚落，并不许二人再来玩，遂起意报复。6月15日22时许，张××约宋××再次到网吧玩，宋说服务员不让咱们进，张提议去该网吧放火。23时许，二人找了一个雪碧饮料塑料瓶，骑自行车到某加油站，谎称是给摩托车加油，用5元钱买了1.8L 90号汽油，先到网吧旁边的另一网吧上网，到16日2时30分许二人离开，来到起火网吧内。张××拿着汽油瓶到一楼与二楼之间的拐角处，倒退着将汽油由上至下泼到楼梯地面的地毯上，泼洒汽油过程中，二人听到有人下楼的声音，随即跑到网吧西侧的小卖部门口躲藏。几分钟后，二人捡了一团卫生纸回到网吧，张手拿着捡来的纸，由宋用打火机点燃后，扔在泼有汽油的楼门口内地面上。看到起火后，二人又返回另一网吧，并看到起火网吧玻璃破碎冒出黑烟，随后二人离去。

(3) 火灾伤亡及损失情况　此次火灾共烧死25人，烧伤12人，过火面积$95m^2$，烧毁电脑40台、电脑桌椅40套，路由器1个，集成器2个，直接财产损失26.3万余元。

(4) 火灾成因分析及主要教训

火灾成因分析：现场呈现明火燃烧特征，起火部位处木制材料的炭化裂纹短、数目多、裂缝宽、有光泽。楼梯踏步及平台处铺有化纤地毯，未摆放和存放其他可燃物品；现场未发现烟蒂等微弱火源阴燃起火特征，也未存放自燃性物品，排除自燃引起火灾的可能性。经对起火部位的电气线路进行专项勘查，楼梯处共有四组线路，均未发现任何故障迹象；起火前机房电脑及照明均处于正常状态；起火的建筑物没有雷电直接引起火灾的任何特征和迹象。经公安部消防局火灾原因技术鉴定中心对从现场一层楼梯进口处的水泥地面、烟尘、玻璃和楼梯其他部位的残留炭化物提取的样品进行检测，均检出汽油成分。由此认定此起火灾系人为放火所致。

主要教训：

① 当前的消防法律法规将网吧列为非消防安全重点单位的监督管理范围。近年来，网吧发展迅速，已经远远超出原来意义上的互联网经营场所，具有了公共聚集性和群体娱乐性的特点。而当时的消防法律法规中并未将其列为公共聚集场所和公共娱乐场所实施重点管理。《消防法》和《公共娱乐场所安全管理规定》法律法规中分别所指的“公共聚集的场所”和“公共娱乐场所”，均未将网吧纳入其范围。因此，公安消防监督机构不能按照上述两个法律法规对网吧进行严格的消防安全或建筑设计防火审核和验收，只能作为非消防安全重点单位列入日常消防管理，进行抽样检查，由此给违法经营网吧者以逃避消防监督之机。

② 网吧老板郑××违法经营，未按消防法规向当地消防监督机构申报建筑防火审核。该网吧只有一个安全出口，楼梯、走廊狭长且呈反“L”型，唯一的通道被全封闭式防盗门封堵；建筑物南、北、东侧三面外墙的14个外窗均被安装了防盗护栏封死；室内没有设置疏散指示标志和火灾事故应急照明；没有配备任何一种

灭火器材；违章搭建可燃木质结构造成重大火灾隐患，导致放火后，火势迅速扩大蔓延，被困人员无法逃生，消防人员扑救困难。

③ 该网吧面积不大，但房间较多，而且室内空间相对封闭，不完全燃烧产生了大量高浓度的有毒烟气。浓烟高热在室内蓄积无法向外扩散，迅速充满空间，致使死亡人中多数是窒息死亡；火灾时由于现场照明供电中断，加之燃烧过程中产生的大量高浓度的烟气积聚室内空间，内部能见度很低，给被困人员逃生和消防队员的灭火救人行动增加了难度。

④ 消防队站建设滞后于城市发展。接到网吧火灾报警后，第一出动的消防中队到场用时为11min，该中队距离火场6km，其辖区面积为32km²。其后增援的消防中队到场用时为17min，该中队距离火场9.5km，其辖区面积为65km²。现行国家《城市消防队站建设标准》第十二条规定："消防站的布局一般应以接到出动指令后5min内消防队可以到达辖区边缘为原则确定。"第十三条第1款规定："普通消防站的辖区面积不宜大于7km²；设在近郊区的普通消防站不应大于15km²。也可针对城市的火灾风险，通过评估方法确定消防站辖区面积。"因此，当时的消防中队管界大，路途远，到达时间较长，有些火灾失去了控制在初期阶段的最佳时机。

二、放火的定义与分类

1. 放火的概念

放火是指为达到一定的违法犯罪的目的，在明知自己的行为会发生火灾的情况下，希望或放任火灾发生的行为。

2. 放火的分类

放火的动机是多种多样的，如因个人的某种利益得不到满足而放火，因对批评、处分不满而放火，因泄愤报复而放火，为毁灭罪证、嫁祸于人而放火，因恋爱关系破裂而放火，因家庭矛盾激化而放火等。以放火的动机分类，主要分为以下几类：

(1) 危害国家安全为目的的放火；

(2) 为掩盖犯罪事实放火；

(3) 报复放火；

(4) 出于经济目的的放火；

(5) 自杀放火；

(6) 迷信放火；

(7) 精神病人和变态狂放火等。

三、放火案件的基本特征

(1) 放火动机明显、有预谋有准备。

(2) 放火时间和地点有一定的规律性　如一般选择空隙时间、夜深人静、开会、上班等时间放火，选择偏僻、无人、易逃离的位置放火。

（3）放火火灾的发生有一定的突发性　放火火灾是在人们无精神准备的情况下发生的，往往用汽油引燃而起火猛烈，在易燃物集中的部位放火、起火点多而蔓延快等。

（4）一个地区一个单位多次发生火灾或同一时间内发生多起火灾。

（5）常采用特殊的放火方式　如投掷火把，洒易燃液体，利用原有火源，使用延续导火绳、导火索、浸油卫生纸等，定时起火装置、有线遥控装置、无线遥控装置等。

（6）现场具有特征性

① 多个起火点　起火点之间无蔓延关系、呈交错状，不是飞火、爆燃、过负荷等原因起火。

② 起火点的位置奇特　该位置原来无起火源、不具备其他火源引起着火的条件，该处隐蔽不易被发现。

③ 有明显的破坏痕迹　如将门窗锁死、扣死等，破坏消防或通讯设备，打破门窗玻璃，撬开保险柜和文件柜等。

④ 现场中有放火遗留物　如液体燃烧痕迹、油棉花、火柴杆、汽油瓶、火绳等。

⑤ 现场原有火源的位置变动　如将电熨斗、电炉子、火炉子故意放到易燃物上。

⑥ 现场原有可燃物的位置变动　如将会计室的废纸篓放到账簿柜边，打开液化石油气罐角阀等。

⑦ 现场破坏大、物证分散　放火者将放火物证故意销毁、远抛等。

⑧ 有的现场有被害者的尸体。

第四节　玩火引发火灾的预防

因小孩玩火造成火灾，是生活中常见的火灾原因之一。此外，每逢节日庆典，不少人喜爱燃放烟花爆竹来增加气氛。被点燃的烟花爆竹本身即是火源，稍有不慎，就易引发火灾，还会造成人员伤亡。我国每年春节期间的火灾发生，其中约有70％～80％是由燃放烟花爆竹所引起的。2012 年，全国因玩火引发的火灾占到了总数的 3.8％。

一、典型玩火的火灾案例分析

【案例 3-5】 2009 年 1 月 31 日，福州市长乐拉丁酒吧发生火灾，共造成 15 人死亡，22 人受伤，直接经济损失 109702 元。

分析如下：

（1）起火单位基本情况　该酒吧位于某小区一期居民住宅楼（6 层）1 号楼和

2号楼之间的联结体（2层）的首层，层高5.30m，建筑面积229m²，场所内局部设置夹层，夹层面积84m²。该酒吧所在建筑为框架结构，共2层，原设计为车库及办公用房，地上一层出租作为酒吧经营使用。该酒吧为独立防火分区，其东面、西面各有一个出口，场所内设有室内消火栓和配置了手提式灭火器，未设火灾自动报警和自动喷水灭火系统。该酒吧于2008年5月份开业经营，其内装修工程经消防审核，但未经消防验收。

（2）起火简要经过及初期火灾处置情况　2009年1月31日晚，酒吧内顾客为庆祝生日于23时55分左右开始燃放烟花。23时56分11秒，烟花刚燃放完毕，有顾客发现酒吧顶棚有火花蔓延，随后拨打“119”报警。23时57分42秒，当地公安局110指挥中心接到报警，立即调度当地消防大队一中队5辆消防车、25名官兵赶赴现场救援。消防官兵于2月1日0时4分到达现场，经现场询问和火情侦察，发现酒吧一层中部有明火，内部烟雾浓、能见度低，且有众多人员被困。火场指挥员按照“救人第一”的指导思想，立即成立3个搜救小组、1个灭火小组和警戒保障小组实施灭火救援，并打开酒吧前后门进行排烟。0时20分，将火灾扑灭，共救出22名被困人员。

（3）火灾伤亡及损失情况　火灾共造成15人中毒死亡、22人受伤，烧毁电视机、音像灯光设备等物资，火灾直接经济损失109702元。

（4）火灾成因分析及主要教训　该起火灾的直接原因是顾客在酒吧内违法燃放烟花，引燃顶棚聚氨酯泡沫吸音材料，引发火灾。具体分析为以下三个方面的原因：

① 燃烧速度快。现场监控录像资料显示，该起火灾从起火到顶棚、墙面吸音棉猛烈燃烧的时间仅64s。

② 酒吧空间密闭。酒吧除前后两个门外，没有窗户，火灾产生的热量和烟气无法散发。

③ 燃烧产生大量有毒气体。该酒吧在顶棚和四周墙体大量敷设聚氨酯泡沫作为吸音材料。经当地火灾物证鉴定中心鉴定，聚氨酯泡沫氧指数17、燃点212℃、水平燃烧速率20.80mm/s，引燃后短时间内即形成轰燃，热解烟气主要成分为氰化氢、一氧化碳和丙烯醛等剧毒物质。火灾中15名死亡人员均为中毒窒息死亡。

该起火灾的主要教训有：在人员密集的娱乐场所内大量使用易燃有毒的有机高分子吸音材料；在室内燃放烟花；火灾发生初期，没有及时逃生。

（5）违反消防法规及标准情况

① 建筑防火措施不到位

a. 酒吧在顶棚和四周墙体大量使用易燃有毒的聚氨酯泡沫作为吸音材料，不符合《建筑内部装修设计防火规范》规定。装修改造时将窗户进行封闭，导致火灾发生后产生大量有毒烟气无法排出，短时间内充满整个空间，致使15人逃生不及中毒身亡。

b. 酒吧安全疏散条件不符合《建筑设计防火规范》的规定。场所内违章设置环形阁楼，首层通往阁楼的楼梯坡度较陡，不符合有关技术规范要求；场所内走道无序摆放桌椅，占用疏散通道，疏散出口设置屏风，遮挡安全出口，安全疏散门未向外开启。

② 消防安全管理不到位

a. 经营者明知酒吧属娱乐场所，未按《消防法》规定，依法取得法定许可的情况下，擅自违法营业。

b. 酒吧原设计为办公室和车库，擅自变更为酒吧；违法在住宅区设置娱乐场所；在出口处采用易燃的聚苯乙烯泡沫违章搭建遮雨棚，场所高温浓烟向外排放时引燃了易燃的聚苯乙烯泡沫，高温熔渣掉落在向室外疏散的顾客身上，造成二次受伤。同时，也影响火灾施救和火场排烟。

c. 酒吧顾客消防安全意识十分淡薄。酒吧顾客无视有关法律法规的安全规定和烟花上“禁止在室内燃放”的安全警示，在酒吧内违法燃放烟花；酒吧顾客进入公共场所未能先观察了解场所的疏散出口。从现场监控录像资料分析，火灾发生后，绝大部分顾客从酒吧东侧的正大门逃生，而忽视了酒吧西南角的另一个安全出口；部分顾客在火灾发生初期，没有及时逃生，在场内观望或收拾个人物品，甚至仍然进行娱乐，在火势已较大的情况下才开始逃生，贻误了最佳的逃生时机。

d. 酒吧经营者消防安全责任不落实。该场所没有落实安全生产经营单位主体责任，安全管理混乱，为招揽顾客，酒吧经营者不仅对消费者在酒吧内燃放烟花不予制止，还赠送烟花供消费者在酒吧中燃放。同时，场所超员营业。当晚酒吧内共有顾客近百名，众多人员拥挤在封闭的有限空间内，致使场所内发生险情时无法顺利疏散。

e. 社会消防教育宣传工作薄弱。火灾发生当晚酒吧的顾客多为 17 岁至 30 岁左右的在校学生和受过高等教育的大学毕业生；火灾中死亡和受伤人员也多为在校学生和受过高等教育的大学毕业生；同时燃放烟花的 6 名人员均为受过高等教育的大学毕业生。这些人员无视有关法律规定和安全警示，或是经营者放任消费者违法燃放烟花，或是自己违法在酒吧中燃放烟花；火灾发生后，不是及时逃生，而是观望、娱乐或者收拾物品，显示出消防宣传教育工作，特别是学校消防宣传教育存在重大薄弱环节，全社会消防宣传教育工作亟待加强。

二、预防和减少儿童玩火的主要措施

1. 儿童玩火引起火灾的特点

儿童玩火引起的火灾在火灾发生的时间、地点、表现方式等方面都具有明显的规律和特征。

（1）儿童玩火具有较强的时段性

① 寒暑假期间　因为假期较长，家长忙于工作，儿童空闲且独处的时间多，受成年人行为影响或模仿一些故事情节，在玩耍时就有可能产生玩火的想法。

② 农田收割期间　农村麦收和秋收时，在场院内堆放的农作物秸秆、柴草较

多，而家长忙于农活，往往忽视对儿童的管理。

③ 冬季取暖期间　因为气候寒冷，特别是在北方有些地区仍在使用炉灶或火盆取暖，儿童玩火的方便条件多，有的儿童学大人烧可燃物取暖，还有的出于好奇放野火烧枯草。

④ 春节、元宵节期间　按照传统风俗习惯，人们都要燃放烟花、爆竹，烘托节日的喜庆气氛，而儿童恰恰喜欢燃放烟花、爆竹，可又缺乏安全知识，致使引燃可燃物成灾。

（2）儿童玩火的方式呈现多样化　儿童玩火主要有以下几种方式：学大人做“假烧饭”游戏，在床下或其他黑暗角落划火柴照明寻找玩具，在可燃物附近燃放烟花、爆竹，在炉火旁烧玉米花、炒豆，在柴草堆边点火，冬季放野火烧路边枯草，玩弄火柴、打火机，开煤气、液化气开关点火，进入工厂、仓库或工地区点火照明捉蟋蟀，模仿大人燃火吸烟等。

（3）火灾发现晚、损失大　儿童玩火一般都是发生在大人不在场的时候，所以一旦引起火灾即产生恐惧心理，因不懂灭火知识和逃生常识，往往被吓得惊慌失措或躲藏起来，不能及时呼救和报警，致使火势发展蔓延扩大成灾，造成较大的经济损失，甚至有的玩火儿童被烧死或烧伤。

2. 儿童玩火的预防措施

（1）家长应加强监管　家长对儿童应加强管理教育，切实负起责任，使他们认识到玩火的危险性，做到不玩火。平时要把火柴、打火机等引火物放在儿童看不见、拿不到的安全可靠地方；不要让儿童模仿大人吸烟玩火；更不要让儿童在柴堆旁或野外玩火；家长外出时要把煤气、液化气总开关关闭，不得让儿童开启煤气、液化气开关；要制止儿童在室内、可燃建筑、柴草堆等易引起火灾的场所燃放烟花、爆竹，更不准儿童摆弄鞭炮中的火药；家长外出，要将儿童托人看管，不让儿童单独留在家中，更不要把儿童锁在家中。

（2）学校应加强教育　幼儿园、学校的老师，应注意对儿童进行防火宣传教育，使他们认识到防火的重要性。把教育儿童不要玩火列入托儿所、幼儿园、小学的基本课程内容，小学要增设防火课程，由教师或聘请消防部门人员定期上防火课，讲授防火安全知识，并应组织少年儿童参观消防站，观看防火教育影片等，把防火教育形象化。此外，还应动员和组织少年儿童参加一些消防活动，感受消防工作的重要性。

（3）社会应加强管理　有关部门和单位应当创造条件，多创办一些少年儿童集中活动的场所，集中对儿童进行管理教育，开展一些有益的活动。这样既可在一定程度上避免小孩因空闲无事可干而玩火，又可以让家长消除后顾之忧，最大限度地减少小孩玩火引起火灾。

三、燃放烟花爆竹需注意的消防安全措施

燃放烟花爆竹一定要注意安全，做到“三不二会一坚决”，即：不在《烟花爆

竹安全管理条例》规定的重点消防单位及周边安全距离内燃放烟花爆竹，不在规定的时间段外燃放烟花爆竹，不向行人和车辆等投掷烟花爆竹；会选择允许燃放的烟花爆竹品种，会安全施放；坚决不燃放拉炮、摔炮等违禁品。在燃放过程中，不要让未成年人单独燃放烟花爆竹，一定要有大人在旁进行指导，确保本人和他人的人身财产安全。

1. 购买放心的烟花爆竹

（1）看经营者证照　在购买烟花爆竹时，要注意查看经营者有无《烟花爆竹经营（零售）许可证》和《营业执照》。

（2）看产品外观　查看产品是否有漏药、脱壳、变形、泥底，引火线是否松脱、松动等情况，是否有绿色的安全引线并有护引纸保护。

（3）看产品标志　产品外包装上应标注有：产品名称、制造商或出品人的名称及地址、生产日期（或批号）、箱含量、净重、体积和安全用语或安全图案及执行标准代号，同时还有安全警示语和燃放说明等。

2. 在规定的区域燃放烟花爆竹

尽管我国部分地区继续实行“有限开禁”，但有些地方还是禁止燃放烟花爆竹的。根据《烟花爆竹安全管理条例》，禁放具体区域如下：

（1）文物保护单位；

（2）车站、码头、飞机场等交通枢纽以及铁路线路安全保护区内；

（3）易燃易爆物品生产、储存单位；

（4）输变电设施安全保护区内；

（5）医疗机构、幼儿园、中小学校、敬老院；

（6）山林、草原等重点防火区；

（7）县级以上地方人民政府规定的禁止燃放烟花爆竹的其他地点。

3. 正确、文明燃放烟花爆竹

燃放烟花爆竹时，要做到正确燃放、文明燃放，主要做到以下八点。

（1）选择宽敞、安全的场地燃放，并在上风向燃放和观赏。

（2）燃放前要仔细阅读理解燃放说明，摆放的烟花爆竹要平稳牢固。除特殊说明外，不要手持燃放烟花爆竹。饮酒之后绝对不能燃放烟花爆竹。

（3）燃放过程中出现熄火等异常情况，不要马上靠近，应等待足够长的时间并确认原因后再做处理。

（4）不对未点燃的烟花爆竹进行二次点燃，应采取水浇失效法处理，更不能用已点燃的烟花爆竹点燃其他烟花爆竹。

（5）不燃放非法生产或违禁品种的烟花爆竹，不超量购买烟花爆竹。烟花爆竹存放要小心，不靠近火源，不暴晒。

（6）不要将烟花的喷射口对准他人窗口和在楼上的窗口、阳台、平台上燃放，防止火星下落后引起火灾。

（7）燃放期间，居民应及时清理阳台、楼道可燃杂物。室内无人时，要关窗户，不在阳台和窗外晾晒衣被，避免引起火灾。

（8）乡村燃放烟花爆竹要避开柴草，以免引起火灾。

4. 烟花爆竹不上公共交通工具，也不在厨房存放

根据国家《烟花爆竹安全管理条例》规定，禁止携带烟花爆竹搭乘公共交通工具。禁止邮寄烟花爆竹，禁止在托运的行李、包裹、邮件中夹带烟花爆竹。烟花爆竹是易燃易爆危险物品，公共汽车空间有限、人员集中，一旦发生事故难以疏散，很容易造成群死群伤事故。

为了安全，在购买烟花爆竹后应尽量缩短在家里储存的时间，不要一下子买太多。在家中存放烟花爆竹，一定要远离火种，不要选择厨房、阳台等易引发火灾事故的地方，及时清理阳台、平台、屋顶、天井及建筑物旁的可燃物。同时，要把烟花爆竹放在幼儿不易伸手拿到的地方，防止儿童玩耍或受到猛烈撞击而发生意外。

第五节 生活或生产作业不慎起火的预防

用火不慎起火是指人们麻痹大意，用火违反安全制度或不良生活习惯等造成火灾，包括生活用火不慎起火和生产作业不慎起火。2012 年，全国因生活用火不慎引发的火灾占到了总数的 17.9%，全国因生产作业不慎引发的火灾占到了总数的 4.1%。

一、生活用火不慎起火的预防

生活用火不慎主要是城乡居民家庭生活用火不慎，如炊事用火中炊事器具设置不当，安装不符合要求，在炉灶的使用中违反安全技术要求等引起火灾；家中烧香过程中无人看管，造成香灰散落引发火灾等。

1. 油锅起火

【案例 3-6】 2005 年 8 月 11 日傍晚，殷某一家三口到家附近的一个小饭馆吃饭，当时饭馆里还有 4 位顾客。大家吃吃聊聊，谁也没有意识到，厨房里蕴藏着一场危机。当时，饭馆的老板光顾着招呼客人，忘了自家厨房内还烧着油锅，时间一长，油锅起了火。

当饭馆的老板闻到煳味时，赶忙进厨房拿锅盖扣上油锅，可是火苗从边上还能窜那么高。锅盖没能阻挡火势的蔓延，眼看着火越烧越旺，饭馆老板十分担心。而饭馆里的七位顾客仍在吃饭，他们对厨房内出现的险情全然不知。更主要的是，离着火的油锅不到 2m 处，还摆着一个煤气罐。饭馆老板立刻上前关闭了煤气罐，又找来一块抹布，捂在油锅上。但是由于抹布盖不严实，火依然在猛烈燃烧。

这个时候，厨房里的响声惊动了殷某，他放下碗筷赶紧冲向了厨房。他进去以后，拿了盆，和了点洗衣粉水。情急之下，殷某端起搅拌好的洗衣粉水泼向了油锅，火哗地一下扑了出来。殷某顿时成了一个大火球。

在社会各界的帮助下，殷某的生命保住了，但是，烧伤后的他却留下了严重的后遗症：面部被毁容，眼睑外翻，因为疤痕挛缩，他的脖子和手臂歪曲，这些都严重影响了他的正常生活。

（1）油锅起火的常见原因

① 油炸食物时往锅里加油过多，使油面偏高，油液受热后溢出，遇明火燃烧。

② 在火炉上烧、煨、炖食物时无人看管，浮在汤上的油溢出锅外。遇明火燃烧。

③ 操作方式方法不对，使油炸物或油喷溅，遇明火燃烧。

④ 抽油烟罩积油太多，翻炒菜品时，火苗上飘，吸入烟道引起火灾。

（2）油锅起火的处置对策

① 迅速关闭燃气阀门　这个是最关键的，任何时候，都要先切断火灾源头。

② 巧用身边工具灭火

a. 湿布：如果家庭厨房油锅起火，初起火灾形势不大，这时候可以用湿毛巾、湿抹布等，直接覆盖在油锅上将火苗盖住。但需要注意的是，湿毛巾或湿抹布要足够大，能将火苗完全覆盖，这样才能把火“闷死”。

b. 锅盖：当锅里的食油因温度过高着火时，千万不要惊慌失措，更不能用水浇，否则烧着的油就会溅出来，引燃厨房的其他可燃物。这时，应先关闭燃气阀门，然后迅速盖上锅盖，使火熄灭。如果没有锅盖，手边其他东西如洗菜盆等只要能起覆盖作用的都可以。但需要注意的是，这样的灭火方法也仅限于油锅的火势不大，若火势稍大，还是需要灭火器来帮助灭火。

c. 有些资料上还指出蔬菜和食盐也可以作为“灭火剂”来使用，将切好的蔬菜迅速倒入锅内同样能起到灭火作用。食盐的灭火机理是：因为食盐的主要成分是氯化钠，在高温火源下，可迅速分解为氢氧化钠，通过化学作用，吸收燃烧环节中的自由基，抑制燃烧的进行。当灭火用的食盐数量足够时，被消耗的自由基多于燃烧分解出来的自由基时，导致燃烧反应中断，使起火的油锅很快熄灭。

③ 使用灭火器灭火　如果家里备有灭火器，则安全保证会更高。其中，家用干粉灭火器适用于扑灭油锅、煤油炉、油灯和蜡烛等引起的初起火灾，效果好。灭火后应将油锅移离加热炉灶，防止复燃。且在用干粉灭火器扑救油锅火灾时，还应注意喷出的干粉应对着锅壁喷射，不能直接冲击油面，防止将油冲出油锅，造成火灾二次蔓延。

（3）油锅起火的预防措施

① 火锅在使用时，应远离可燃物。

② 煮、炖各种食品时，应该有人看管，食品不宜过满，沸腾时揭开锅盖，以防外溢。

③ 油炸食品时，油不能放得过满，油锅搁置要平稳，人不能离开。

④ 油炸食品时，要注意防止水滴和杂物掉入油锅，防止食用油溢出着火。

⑤ 烹饪时宜着短袖或合适的长袖，避免烟火燃烧衣物。

⑥ 烹煮食物时，不要任意离开，离开前须将烟火关闭。

2. 煤气着火

（1）煤气起火的常见原因

第一，30%的燃气泄漏事件都是因胶管破裂、脱落而起，导致胶管破裂脱落的原因有：

① 胶管两端未打卡子或卡子松动。

② 胶管超期使用，老化龟裂。

③ 使用易腐蚀、老化的劣质胶管。

④ 疏于防范使胶管被老鼠咬坏、尖锐物体刮坏等。

第二，户内燃气管道损坏的主要原因有：

① 长期接触水或腐蚀性物质，导致管道腐蚀。

② 家庭装修、管壁悬挂物品等外力作用，使管道接口松动。

③ 管线防腐漆（层）脱落未及时补刷，金属与空气长期接触，导致管线腐蚀。

第三，燃气表损坏，导致燃气泄漏的主要原因有：

① 超期使用内部构件老化，导致燃气渗漏。

② 外力破坏，引起燃气表表体或接头损坏，导致泄漏。

第四，燃气灶具点火失败，导致燃气泄漏：

① 风门没调好，进空气口太大，空气太多。

② 打火触点形成污垢或是微动开关失灵。

③ 电池没电。

④ 电路接触不良。

⑤ 过压保护。

⑥ 管道堵塞。

⑦ 点火针位置不当。

第五，锅内液体溢出，浇灭正在燃烧的火焰，导致燃气泄漏：

① 大火蒸煮发生沸汤，处理不及时。

② 忘记煲汤、煮粥的时间，人员长时间离开。

第六，忘关燃气阀门，导致燃气泄漏的原因：

① 缺乏关阀意识。

② 紧急出门或有紧急事件处理。

③ 老人或小孩忘记关阀。

④ 停气后短期未供气。

第七，燃气阀门接口损坏，导致燃气泄漏：

① 长期开关阀门，阀门松动。

② 年久失修。

③ 阀门被腐蚀。

第八，燃气灶具损坏，导致泄漏爆炸：

① 气灶本身年久失修。

② 气灶质量不合格。

③ 人为外力碰触和摩擦导致破坏。

第九，私改燃气管线，导致燃气泄漏：

① 为室内美观，私自改造燃气管线。

② 为增加燃气设施，自行增设三通延长管线。

③ 贪图小利益，为燃气表不计量或少计量，偷改管线。

（2）煤气起火的处置对策　由于设备不严密而轻微小漏引起的着火，可用湿布等堵住着火处灭火。火熄灭后，再按有关规定补好漏处。直径小于100mm的管道着火时，可直接关闭阀门，切断煤气灭火。直径大于100mm的管道着火时，切记不能突然把煤气闸阀关死，以防回火爆炸。煤气设备烧红时，不能用水骤然冷却，以防管道和设备急剧收缩造成变形和断裂。煤气着火扑灭后，可能房间还存有大量煤气，要防止煤气中毒。

（3）煤气起火的预防措施　厨房内严禁液化气同电饭煲、电磁炉、酒精炉、煤炉等混杂使用，明火不能距液化气灶太近。

当发生液化气泄漏时，千万不要进行下列行为：开关电灯、打电话、拖拉金属等器具及脱衣服，更不能抽烟点火。

二、生产作业不慎起火的预防

1. 生产作业不慎起火的典型案例分析

【案例3-7】 2000年12月25日，河南洛阳东都商厦发生火灾，其造成309人死亡、7人受伤，直接经济损失275万余元。

分析如下：

（1）起火单位基本情况　该商厦始建于1988年12月，1990年12月4日开业，有六层建筑，包括地上四层、地下二层，占地3200m²，总建筑面积17900m²。该商厦东北、西北、东南、西南角共有四部楼梯。2000年11月前，商厦地下一、二层经营家具，地上一层经营百货、家电等，二层经营床上用品、内衣、鞋帽等，三层经营服装，四层为商厦办公区和娱乐城。但由于多年来，商厦一直经营不善，亏损严重，为摆脱经营困境，1996年经上级主管部门批准，该商厦实行承包经营。1997年6月5日商厦将娱乐城承包给个体业主张××。娱乐城舞厅面积460m²，定员200人，西侧有7间KTV包房，面积100m²。

2000年11月，该商厦与某有限公司合作成立××有限公司××分店（以下简称分店，未经批准），期限10年，拟于12月28日开业。××有限公司以商厦地下一层和地上一层为经营场所。

（2）起火简要经过及初期火灾处置情况　2000年11月底，该分店在装修时，将地下一层大厅中间通往地下二层的楼梯通道用钢板焊封，但在楼梯两侧扶手穿过钢板处留有两个小方孔。2000年12月25日20时许，为封闭两个小方孔，分店负责人指使该店员工三人将一小型电焊机从商厦四层抬到地下一层大厅，并安排其中一人（无焊工资质证）进行电焊作业，未作任何安全防护方面的交代。该员工施焊中也没有采取任何防护措施，电焊火花从方孔溅入地下二层可燃物上，引燃地下二层的绒布、海绵床垫、沙发和木制家具等可燃物品。该员工等人发现后，用室内消火栓的水枪从方孔向地下二层射水灭火，在不能扑灭的情况下，既未报警和通知楼上人员便逃离现场。正在商厦办公的商厦总经理以及为开业准备商品的分店员工见势迅速撤离，也未及时报警和通知四层娱乐城人员逃生。随后，火势迅速蔓延，产生的一氧化碳、二氧化碳、含氰化合物等有毒烟雾，顺着东北、西北角楼梯间向上蔓延（地下二层大厅东南角楼梯间的门关闭，西南、东北、西北角楼梯间为铁栅栏门，着火后，西南角的铁栅栏门关闭，东北、西北角的铁栅栏门过烟不过人）。由于地下一层至三层东北、西北角楼梯与商场采用防火门、防火墙分隔，楼梯间形成烟囱效应，大量有毒高温烟雾通过楼梯间迅速扩散到四层娱乐城。着火后，东北角的楼梯被烟雾封堵，其余的三部楼梯被上锁的铁栅栏堵住，人员无法通行，仅有少数人员逃到靠外墙的窗户处获救，其余309人中毒窒息死亡。

（3）火灾伤亡及损失情况　火灾共造成309人死亡、7人受伤，火灾直接经济损失275万余元。

（4）火灾成因分析及主要教训　根据此次火灾起火部位及起火点的认定，在起火点及周围的可燃物分别是金丝绒布、化纤布、聚氨酯泡沫塑料、羊毛毡垫、小方木及木质家具等。相关资料显示，电焊焊渣温度为1200℃，其离开焊源10s仍能保持800℃的温度。几种可燃物的燃点为：云杉261℃，松木230～430℃，羊毛毡205℃，硬质聚氨酯泡沫塑料310℃，化纤布235～390℃。可见，当时动用电焊溅落的焊渣可以点燃起火点的可燃物。

当负二层的燃烧蔓延至东西两侧窗口处时，负一楼发现着火的部分在场人员及地上一、二、三层正忙于上货的工作人员，得知着火消息后开启南大门，还砸烂南面多处玻璃窗，急忙向外逃生，客观上也使大量新鲜空气涌入楼内后从南侧楼梯间进入负二层。新鲜空气涌入的直接后果是使负二层发生了轰燃，并瞬时产生高温高压，导致大量有毒浓烟夹带火焰涌向东北角、西北角楼梯间，由于高压和烟囱效应，致使高温有毒烟气快速涌入四楼歌舞厅。此时的负二层内，燃烧属猛烈阶段，保持较高温度，此时负二楼已失去施救时机。

东北角和西北角楼梯的烟囱效应及轰燃产生的高温高压使大量有毒烟气快速涌入四楼后迅速向舞厅蔓延。有关资料显示，烟气垂直流速此时为4～8m/s。建筑物从负二层至四层高约24m，所以烟雾到达四楼仅需4～6s的时间。舞厅的大门距东北角楼梯最近，高温烟气大量急速涌入舞厅内，此时在舞厅内的人员由于各自所处位置及体能的不同，很快先后窒息中毒死亡。

根据负二楼的可燃物分析，产生有毒烟气的主要成分为二氧化碳、一氧化碳、氰化氢、二氧化氮、丙烯醛、光气、甲醛等。这些气体达到一定浓度后可使人引起头痛、虚脱、神志不清、肌肉调节障碍等，氰化氢、光气、二氧化氮等气体甚至能瞬时致人死亡。四楼舞厅内只有2个出口，加之四楼四个角的楼梯除东北角一个楼梯未锁外，其他三个楼梯口均被铁栅栏门锁闭，东北角的楼梯又是烟气进入的主要通道。因此，在这起火灾中，四楼的绝大多数人员在未来得及疏散和无法安全疏散的情况下即被烟气窒息中毒死亡。

2. 生产作业不慎起火的预防措施

生产作业不慎起火主要指违反生产安全制度引起火灾。比如，在易燃易爆的车间内动用明火，引起爆炸起火；将性质相抵触的物品混存在一起，引起燃烧爆炸；在用气焊焊接和切割时，飞迸出的大量火星和熔渣，因未采取有效的防火措施，引燃周围可燃物；在机器运转过程中，不按时加油润滑，或没有清除附在机器轴承上面的杂质、废物，使机器这些部位摩擦发热，引起附着物起火；化工生产设备失修，出现可燃气体，易燃、可燃液体跑、冒、滴、漏现象，遇到明火燃烧或爆炸等。因此，要建立健全工厂、企业的生产安全制度，并做好员工的培训、监督、管理工作，让员工在工作中严格遵守相应的生产安全制度，将生产作业不慎起火的事故率降到最低。

第六节　雷击起火的预防

雷电导致的火灾原因大体上有三种：一是雷电直接击在建筑物上发生的热效应、机械效应作用等；二是雷电产生的静电感应作用和电磁感应作用；三是高电位雷电波沿着电气线路或金属管道系统侵入建筑物内部。在雷击较多的地区，建筑物上如果没有设置可靠的防雷保护设施，便有可能发生雷击起火。

一、典型雷击起火的案例分析

【案例3-8】 1998年3月27日凌晨2点50分，一声炸雷，击中湖南常德市威邦迪士高舞厅，顿时起火。10min后，一过路民警发觉该区域上空烟尘滚滚，立即呼救，通知队友报警，并带领几个队员敲开了舞厅大门。当他们登上二楼，把门踹开冲进去时，里面已是浓烟滚滚，烈焰熊熊……

3点15分，消防中队接到报警；3点20分到达火场。经侦查发现二楼有三处起火，火势正在迅速蔓延。3点27分，增援抵达，火势已发展到猛烈阶段。5时30分，经数十名消防官兵奋力扑救，大火熄灭，但火场中心800m^{2}建筑面积及大量音响设备已被烧毁，直接经济损失109.3万元。

起火原因分析：

该舞厅是原纺机厂加工车间改造而成。原车间分南北二弄，长60m、宽30m、高16m，钢混框架结构，钢网水泥板屋面。每弄中部各设有长48m、宽3m、高2m的钢架天窗。1996年在原建筑空间内加了一层，底层为小商部，二层为舞厅和旱冰场，后旱冰场改为游艺城，用木龙骨、三夹板等做成隔墙隔开。如果不是消防队有效地控制住了火势蔓延，这种不耐火的隔墙必将被烧穿，而游艺城也将被烧毁。

舞厅南北两侧各有长42m和36m、宽2.5m的钢架看台，舞池上部亦采用钢架吊顶。这种建筑结构，上有钢架天窗，下接钢架吊顶、钢架看台，无异于给建筑物装上了接闪器，由于钢构件均未作可靠的接地，没有采取避雷措施，被雷击中后自然无法幸免于难。

遭雷击而引起室内可燃物起火，如果发觉得早，也不一定成灾。可是，舞厅门口的值班员一直在沉睡；而当夜值班的保安都脱岗在家中睡觉。如此值班保安，企业焉能安全！

二、雷电的形成和种类

1. 雷电的形成

雷电是自然界大气中的一种放电现象，它产生于积雨云形成的过程中。积雨云（也称雷电云）是一种在强烈垂直对流过程中形成的云。由于地面吸收太阳的辐射能量远大于空气层，热对流使得空气产生上升运动。热气流在上升过程中膨胀降压，同时与高空低温空气进行热交换，于是上升气团中的水汽凝结而出现雾滴，就形成了云。积雨云形成过程中，在大气电场以及温差起电效应、摩擦起电效应等因素的同时作用下，就会使得某些云团带正电荷、某些云团带负电荷、在静电感应的作用下，使大地地面或建筑物表面产生异性电荷，从而使得这些云团与云团之间云团与大地或云团与建筑物就形成了一个大的电容器，当电荷积累到一定程度时，不同云团之间或者云与大地之间的电场强度可以击穿空气（一般为25～30kV/cm），开始游离放电，称之为“先导放电”。云对地的先导放电是云向地面跳跃式逐渐发展的，当到达地面（或地面上的建筑物、架空输电线）时，便会产生由地面向云团的逆导主放电，在主放电阶段里，由于异性电荷的剧烈中和，会出现很大的电流。电流做功的结果，可使电流通过地方的气体瞬间温度急剧升高到30000℃左右，从而呈现强烈的火光，同时受热的电离气体体积急剧膨胀而发生隆隆的雷声，就形成了雷电。

简单来说，雷电是带有异性电荷的雷云相遇或雷云与地面突起物接近时，它们之间所发生的激烈发电现象。

2. 雷电的种类

雷电按其形成机理可以分为直击雷、感应雷和球形雷。

（1）直击雷　直击雷是带电积雨云接近地面至一定程度时，与地面目标之间的强烈放电现象。直击雷的每次放电含有先导放电、主放电和余光三个阶段。大约50%的直击雷有重复放电特征。

（2）感应雷　感应雷也称作雷电感应，分为静电感应雷和电磁感应雷。静电感应雷是由于带电积云在架空线路导线或其他导电凸出物顶部感应出大量电荷，在带电积云与其他客体放电后，感应电荷失去束缚，以大电流、高电压冲击波的形式，沿线路导线或导电凸出物的传播。电磁感应雷是由于雷电放电时，巨大的冲击雷电流在周围空间产生迅速变化的强磁场在邻近的导体上产生的很高的感应电动势。直击雷和感应雷都能在架空线路或在空中金属管道上产生沿线路或管道的两个方向迅速传播的雷电冲击波。

（3）球形雷　球形雷是雷电放电时形成的发红光、橙光、白光或其他颜色光的火球。从电学角度考虑，球形雷应当是一团处在特殊状态下的带电气体。

三、雷电的火灾危险性

1. 电效应

在雷电放电时，直接或间接产生高达数万伏甚至数十万伏的冲击电压，足以烧毁电力系统的发电机、变压器、断路器等电气线路和设备，引起绝缘击穿而发生短路，导致可燃、易燃物品着火或爆炸。巨大的雷电流注入地下，其中的跨步电压同样会将人畜击毙或击伤。

2. 热效应

雷电的热效应是巨大的雷电流（几十至几百千安）通过金属导线时在极短的时间内转换成大量热能而引起破坏作用。在雷击点处产生的热量大约有500～2000J，可造成可燃物燃烧或造成金属熔化、飞溅而构成火灾。

3. 机械效应

当强大的雷电流通过感性负载时，改变原有的磁场及受力，引起电动机转速异常、设备剧烈振动等机械事故。雷电的热效应也可能引起空气剧烈膨胀，同时使水分及其他物资分解为气体，因而在被雷击物体内部出现强大的机械压力，致使被击物体遭受严重破坏或爆炸。

4. 电磁感应

雷电具有很高的电压和很大的电流，持续时间极短。在它周围的空间里，将产生强大的交变电磁场，不仅会使处于这一电磁场中的导体感应出较强的电动势，还会在闭合回路中产生感应电流。

5. 雷电波侵入

架空线路、金属管道上在雷击过程中因静电感应而产生冲击电压，使雷电波沿线路或管道迅速传播。若侵入建筑物内，可造成配电装置和电气线路绝缘层击穿产生短路，或使建筑物内的易燃、易爆化学物品燃烧或爆炸。

6. 高压反击

当防雷装置接受雷击时，在接闪器、引下线和接地装置上都具有很高的电压。如果防雷装置与建筑物内、外的电气设备、电气线路或其他从属管道相隔距离很近，就会产生放电，这种现象称为反击。反击可能引起设备绝缘损坏，甚至造成易燃、可燃、易爆物品着火或爆炸。

四、防雷装置

防雷装置是指接闪器、引下线、接地装置、电涌保护器（SPD）及其他连接导体的总和。

一般将建筑物的防雷装置分为两大类：外部防雷装置和内部防雷装置。外部防雷装置由接闪器、引下线和接地装置三个部分组成，这也是传统的防雷装置。内部防雷装置主要用来减小建筑物内部的雷电流及其电磁效应，如采用电磁屏蔽、等电位连接和装设电涌保护器（SPD）等措施，防止雷击电磁脉冲可能造成的危害。

1. 接闪器

接闪器是专门用来接受雷闪的金属物体。避雷针、避雷线、避雷网和避雷带都是接闪器，它们都是利用其高出被保护物的突出地位，把雷电引向自身，然后通过引下线和接地装置，把雷电流泄入大地，以此保护被保护物免受雷击。接闪器所用材料应能满足机械强度和耐腐蚀的要求，还应有足够的热稳定性，以能承受雷电流的热破坏作用。

（1）避雷针　避雷针一般用镀锌圆钢或镀锌钢管制成。它通常安装在构架、支柱或建筑物上，其下端经引下线与接地装置焊接。由于避雷针高于被保护物，又和大地直接相连，当雷云先导接近时，它与雷云之间的电场强度最大，所以可将雷云放电的通路吸引到避雷针本身并经引下线和接地装置将雷电流安全地泄放到大地中去，使被保护物体免受直接雷击。

（2）避雷线　避雷线架设在架空线路的上边，用以保护架空线路或其他物体（包括建筑物）免受直接雷击。由于避雷线既架空又接地，所以又叫做架空地线。避雷线的原理和功能与避雷针基本相同。

（3）避雷网和避雷带　避雷网和避雷带普遍用来保护较高的建筑物免受雷击。避雷带一般沿屋顶周围装设，高出屋面100～150mm，支持卡间距离1～1.5m。避雷网除沿屋顶周围装设外，需要时屋顶上面还用圆钢或扁钢纵横连接成网。避雷网和避雷带必须经引下线与接地装置可靠地连接。

2. 引下线

引下线是指连接接闪器与接地装置的金属导体。防雷装置的引下线应满足机械强度、耐腐蚀和热稳定的要求。

3. 接地装置

接地装置是防雷装置的重要组成部分。接地装置向大地泄放雷电流，限制防雷装置对地电压不致过高。除独立避雷针外，在接地电阻满足要求的前提下，防雷接地装置可以和其他接地装置共用。

防雷装置在雷雨季节来临时应加强维护，保障运行良好。一是检查接闪器与引下线、引下线与接地装置之间是否可靠接触；二是对防雷装置做好除锈、防锈、防腐蚀，由于防雷装置基本上暴露在空气中，易受到腐蚀和锈蚀，使导电性能变差，尤其是各接触点易产生雷电反击现象；三是要进行防雷接地电阻测试，保障雷电流可靠导入大地。

第七节 静电起火的预防

静电经常是我们身边的不速之客，无论是在生产中，还是在生活中，它常常会给人以突然的打击，使人遭遇电击，更有甚者，它可能引起神秘的火灾和爆炸，成为人们看不见的火灾“凶手”。静电引发火灾主要表现在静电放电能使易燃易爆物品起火和爆炸。

一、典型静电起火的案例分析

在许多生产部门，比如炼油、化工、橡胶、造纸、印刷、纺织、制药、食品及其他粉体加工等场所，由于静电而引发的火灾爆炸事故也有发生。

【案例 3-9】 某加油站在加油工作中，工作人员把汽油泵送至聚乙烯塑料的油壶中，此时使用了金属漏斗，由于静电放电，结果引起了一场火灾。

【案例 3-10】 某厂在成品苯包装过程中，因静电引起了火灾，当时火焰高达一二十米，消防部门出动了十几辆消防车赶赴火场灭火，由于苯是带有毒性的液体，随水流淌，边流边烧，除烧毁大量房屋和设备外，中毒者达数百人之多。

【案例 3-11】 某厂的车间工人用汽油擦地，虽然知道绝对禁止明火的出现，却忽视了静电的危险。工作过程中，拖把在与地面的摩擦中，聚集了危险的静电，引起了火灾和强烈的爆炸，死亡 10 人，损失数十万元。

【案例 3-12】 某厂泵房压缩输送乙烯气体时，由于阀门漏气，在场内空间形成爆炸性混合物，乙烯喷出时又产生高压静电，引发爆炸。

二、静电的产生和火灾危险性

1. 静电的定义

如果摩擦后分离的物体对大地绝缘，则电荷无法释放，停留在物体的内部或表面呈相对静止状态，这种电荷就称为静电。简单来说，静电是宏观范围内相对静止的、暂时失去平衡的正电荷或负电荷。

2. 静电的产生

任何物质都是由原子组合而成，而原子的基本结构为质子、中子及电子，质子带正电，中子不带电，电子带负电。在正常状况下，一个原子的质子数与电子数量相同，正负电平衡，所以对外表现出不带电的现象。但是由于外界作用如摩擦或以各种能量如动能、位能、热能、化学能等的形式作用，使原子的正负电不平衡。在日常生活中所说的摩擦实质上就是一种不断接触与分离的过程。有些情况下不摩擦也能产生静电，如感应静电起电、热电和压电起电、喷射起电等。任何两个不同材质的物体接触后再分离，即可产生静电，而产生静电的普遍方法，就是摩擦生电。材料的绝缘性越好，越容易产生静电。因为空气也是由原子组合而成，所以可以这么说，在人们生活的任何时间、任何地点都有可能产生静电。要完全消除静电几乎不可能，但可以采取一些措施控制静电使其不产生危害。

3. 静电的火灾危险性

在产生和积聚了危险静电的场合，如果空间有爆炸混合物，就有可能因静电火花而引起火灾爆炸。不论是可燃固体、粉体物料，还是可燃液体蒸气或可燃气体物料；也不论是机器操作还是人工操作，均可能因静电而引发静电火灾或爆炸。

就工艺分类而言，固体物料大面积的摩擦，固体物料之间在压力作用下相互接触而后分离，固体物料被挤出、过滤时与管道壁、过滤器壁之间发生摩擦，还有固体物料的粉碎、研磨、搅拌等过程都可能产生危险的静电积聚。粉体物料过滤、筛分、气力输送、搅拌、喷射、转运等过程也可能产生危险的静电积聚。液体物料在高速流动、过滤、搅拌、喷雾、喷射、冲刷、飞溅、灌注乃至沉淀等过程中均可能产生危险的静电积聚。可燃液体蒸气和可燃气体由于固体或液体中夹带有杂质，当它们从缝隙或阀门高速喷出时或在管道内高速流动时也可能产生危险的静电积聚。此外，穿着合成化学纤维服装的人员在活动中，飞机在飞行中也都可能产生危险的静电积聚。因此，许多火灾和爆炸均系静电积聚引起。

三、防止静电危害的基本措施

静电产生火灾爆炸等事故危害必须同时具备三个条件：一是物质或材料中产生了静电，并积累到一定程度而发生放电；二是静电放电的区域有可燃混合气体、粉尘、油雾等并达到该物质的爆炸极限；三是静电放电能量超过易燃易爆混合物的最小点火能。因此静电危害的防治措施主要是减少静电的产生，设法导走或消除静电，防止静电放电等。

1. 减少摩擦起电

摩擦起电是电子由一个物体转移到另一个物体的结果，使两个物体带上了等量的电荷。得到电子的物体带负电，失去电子的物体带正电。

2. 做好接地

静电发生危害的条件之一是积累到一定程度，如果我们采取有效措施，及时疏散静电，便可以保障安全。而疏散静电最简便有效的方法是对物体接地。在石油化工、天然气生产过程中，接地更为广泛。具体方法是对可能产生或已经产生静电的部位进行接地，将累积在金属设备、管道上的静电及时、迅速地向大地疏散，对于设备与大地之间的接地电阻要求小于10Ω。

3. 采用抗静电材料

对于工业生产过程中使用的各种材料可加入以下物质变成抗静电的材料：如棉、木材、土壤等物质本身具有防静电功能的物质；在绝缘材料的表面掺入诸如碳粉、抗静电剂等物质；在绝缘材料的制作过程中加入易于导电或抗静电的物质等。

4. 增加空气湿度

加大作业或生产环境中空气的湿度，可以有效提高非导体物质的表面电导率，从而使静电不容易在物体表面积聚。企业生产或作业中通常采用加湿器、在地面洒水以及喷洒水蒸气等方式方法，增加作业环境中空气的湿度，从而避免静电对人体及生产设备造成危害。

5. 静电消除器

在进入易燃易爆物质的工艺生产区、储罐区、使用场所应当设置静电释放器，要求无论生产人员还是检查、参观、检维修人员进入前必须触摸静电释放器来消除身上的静电。

第四章 火灾隐患排查和消防安全检查

随着社会的迅速发展和人民生活水平的不断提高，用火、用电、用气、用油等大量增加，城市规模不断扩大，城市人口急剧增加，各类建筑物大量竣工和投入使用，这些都大大增加了火灾发生的可能性和火灾的危险性。因此，不论是公共娱乐场所，还是机关、团体、企事业单位都应该及时排查火灾隐患和定期进行消防安全检查。

第一节 火灾隐患排查

一、火灾隐患的含义和分级

1. 火灾隐患的含义

火灾隐患是指，潜在的有直接引起火灾事故的可能，或者火灾发生时能增加对人员、财产的危害，或者是影响人员疏散以及影响灭火救援的一切不安全因素。

火灾隐患通常包含以下三层含义：

（1）增加了发生火灾的危险性。例如违反规定生产、储存、运输、销售、使用和销毁易燃易爆危险品；违反规定用火、用电、用气，明火作业等。

（2）一旦发生火灾，会增加对人身、财产的危害。如建筑防火分隔、建筑结构防火、防烟排烟设施等随意改变，失去应有的作用；建筑物内部装修、装饰违反规定，使用易燃材料等；建筑物的安全出口、疏散通道堵塞，不能畅通无阻；消防设施、器材不完好有效等。

（3）一旦导致火灾会严重影响灭火救援行动。如缺少消防水源，消防通道堵塞，消火栓、水泵结合器、消防电梯等不能使用或者不能正常运行等。

2. 火灾隐患的分级

根据不安全因素引发火灾的可能性大小和可能造成的危害程度的不同，火灾隐患可分为一般火灾隐患和重大火灾隐患。

（1）一般火灾隐患　一般火灾隐患是指存在的不安全因素有引发火灾的可能，且发生火灾会造成一定的危害后果，但危害后果不严重。

（2）重大火灾隐患　重大火灾隐患是指违反消防法律法规，可能导致火灾发生或火灾危害增大，并由此可能造成特大火灾事故后果和严重社会影响的各类潜在不安全因素。

二、火灾隐患的认定

如何发现和判定火灾隐患，是消防工作中经常遇到的问题。火灾隐患有的是以有形的形式表现，如消防安全布局不合理、建筑物耐火等级和防火间距不符合规范要求、安全出口和疏散通道上锁或封堵、消防设施缺损瘫痪等；有的则以无形的形式表现出来，如管理混乱、责任不清、制度不健全、漠视消防法律法规，轻视消防安全工作，缺乏消防安全常识，违反消防安全操作规程等。从时间来看，有的是先天历史遗留下来的，有的是后天形成的。

1. 一般规定

根据《消防监督检查规定》，具有下列情形之一的，确定为火灾隐患：

（1）影响人员安全疏散或者灭火救援行动，不能立即改正的；

（2）消防设施未保持完好有效，影响防火灭火功能的；

（3）擅自改变防火分区，容易导致火势蔓延、扩大的；

（4）在人员密集场所违反消防安全规定，使用、储存易燃易爆危险品，不能立即改正的；

（5）不符合城市消防安全布局要求，影响公共安全的；

（6）其他可能增加火灾实质危险性或者危害性的情形。

2. 重大火灾隐患直接判定

重大火灾隐患的判定应根据实际情况选择直接判定或综合判定的方法，按照判定程序和步骤实施［具体方法详见《重大火灾隐患判定方法》（GA 653）］。

符合下列情况之一的，可以直接判定重大火灾隐患：

（1）生产、储存和装卸易燃易爆化学物品的工厂、仓库和专用车站、码头、储罐区，未设置在城市的边缘或相对独立的安全地带；

（2）甲、乙类厂房设置在建筑的地下、半地下室；

（3）甲、乙类厂房与人员密集场所或住宅、宿舍混合设置在同一建筑内；

（4）公共娱乐场所、商店、地下人员密集场所的安全出口、楼梯间的设置形式及数量不符合规定；

（5）旅馆、公共娱乐场所、商店、地下人员密集场所未按规定设置自动喷水灭火系统或火灾自动报警系统；

（6）易燃可燃液体、可燃气体储罐（区）未按规定设置固定灭火、冷却设施。

三、火灾隐患的整改方法

火灾隐患的整改，按隐患的危险、危害程度和整改的难易程度，可以分为立即改正和限期整改两种方法。

1. 立即改正

立即改正的方法，是指不立即改正随时就有发生火灾的危险，或对整改起来比较简单，不需要花费较多的时间、人力、物力、财力，对生产经营活动不产生较大影响的隐患等，存在隐患的单位、部位当场进行整改的方法。消防安全检查人员在安全检查时，应当责令立即改正，并在《消防安全检查记录》上记录。

需要立即改正的火灾隐患有：

（1）违章进入生产、储存易燃易爆危险物品场所；

（2）违章使用明火作业或者在具有火灾、爆炸危险的场所吸烟、使用明火等违反禁令的；

（3）将安全出口上锁、遮挡或者占用、堆放物品影响疏散通道畅通的；

（4）消火栓、灭火器材被遮挡影响使用或者被挪作他用的；

（5）常闭式防火门处于开启状态，防火卷帘下堆放物品影响使用的；

（6）消防设施管理、值班人员和防火巡查人员脱岗的；

（7）违章关闭消防设施、切断消防电源的；

（8）其他可以当场改正的行为。

2. 限期整改

限期整改是指对过程比较复杂，涉及面广，影响生产比较大，又要花费较多的时间、人力、物力、财力才能整改的隐患，而采取的一种限制在一定期限内进行整改的方法。限期整改一般情况下都应由隐患存在单位负责，成立专门组织，各类人员参加研究，并根据公安机关消防机构的《重大火灾隐患整改通知书》或《停产停业整改通知书》的要求，结合本单位的实际情况制订出一套切实可行并限定在一定时间或期限内整改完毕的方案，并将方案报请上级主管部门和当地公安机关消防机构批准。

在火灾隐患未消除之前，单位应当落实防范措施，保障消防安全。不能确保消防安全，随时可能引发火灾或者一旦发生火灾将严重危及人身安全的，应当将危险部位停产停业整改。

火灾隐患整改完毕，负责整改的部门或者人员应当将整改情况记录报送消防安全责任人或者消防安全管理人签字确认后存档备查。

对于涉及城市规划布局而不能自身解决的重大火灾隐患，以及机关、团体、事业单位确无能力解决的重大火灾隐患，单位应当提出解决方案并及时向其上级主管部门或者当地人民政府报告。

第二节 消防安全检查

消防安全检查是为了督促查看所辖单位内部的消防工作情况和查寻验看消防工作中存在的问题而进行的一项安全管理活动，是实施消防安全管理的一项重要措施，也是控制重大火灾、减少火灾损失、维护社会秩序安定的一个重要手段。

一、消防安全检查的类型

消防安全检查根据组织实施的单位，主要有政府组织的消防安全检查、消防监督机关组织的监督检查和单位自己组织的消防安全检查三种类型。

政府消防安全检查是指地方各级人民政府对下一级人民政府和本级人民政府有关部门履行消防安全职责情况定期进行的专项检查。下面重点介绍公安机关消防机构的消防监督检查和单位的消防安全检查。

二、公安机关消防机构的消防监督检查

公安机关消防机构应当对机关、团体、企业、事业等单位遵守消防法律、法规的情况依法进行监督检查。公安派出所可以负责日常消防监督检查、开展消防宣传教育，具体办法由国务院公安部门规定。

1. 公安机关消防机构消防监督检查的分类

根据《消防监督检查规定》，公安机关消防机构所实施的监督检查，按照检查的对象和性质，通常有以下 6 种：

(1) 对公众聚集场所在投入使用或者营业前的消防安全检查；

(2) 对单位履行法定消防安全职责情况的监督抽查；

(3) 对举报投诉的消防安全违法行为的核查；

(4) 对大型群众性活动举办前的消防安全检查；

(5) 对大型人员密集场所和其他特殊建设工程施工现场的监督检查；

(6) 根据需要进行的其他消防监督检查。

2. 消防监督检查的内容

消防监督检查的内容，根据检查对象和形式确定。

(1) 对公众聚集场所投入使用、营业前进行消防安全检查，应当检查以下内容：

① 建筑物或场所是否依法通过消防验收合格或者进行竣工验收消防备案抽查合格；依法进行竣工验收消防备案但没有进行备案抽查的建筑物或者场所是否符合消防技术标准；

② 消防安全制度、灭火和应急疏散预案是否制定；

③ 自动消防系统操作人员是否持证上岗，员工是否经过岗前消防安全培训；

④ 消防设施、器材是否符合消防技术标准并完好有效；

⑤ 疏散通道、安全出口和消防车通道是否畅通；

⑥ 室内装修材料是否符合消防技术标准；

⑦ 外墙门窗上是否设置影响逃生和灭火救援的障碍物。

（2）对单位履行法定消防安全职责情况监督抽查的内容　对单位履行法定消防安全职责情况的监督检查，应当针对单位的实际情况检查下列内容：

① 建筑物或者场所是否依法通过消防验收或者进行竣工验收消防备案，公众聚集场所是否通过投入使用、营业前消防安全检查；

② 建筑物或者场所的使用情况是否符合消防验收或者备案时确定的使用性质；

③ 单位消防安全制度以及灭火和应急疏散预案是否制定；

④ 消防设施、器材和消防安全标志是否定期组织维修保养，是否完好有效；

⑤ 电器线路、燃气管路是否定期维护保养、检测；

⑥ 疏散通道、安全出口、消防车通道是否保持畅通，防火分区是否改变，防火间距是否被占用；

⑦ 是否组织防火检查、消防演练和员工消防安全教育培训，自动消防系统操作人员是否持证上岗；

⑧ 易燃易爆危险品的生产、储存、经营场所是否与居住场所设置在同一建筑物内；其他物品的生产、储存、经营场所与居住场所设置在同一建筑物内的是否符合消防技术标准；

⑨ 人员密集场所的室内装修装饰材料是否符合消防安全技术标准、外墙门窗上是否设置影响逃生和灭火救援的障碍物；

⑩ 其他依法需要检查的内容。

（3）对消防安全重点单位检查的内容　对消防安全重点单位履行法定消防安全职责情况的监督检查，除消防监督抽查的内容外，还应当检查下列内容：

① 消防安全管理人确定情况；

② 每日防火巡查实施情况；

③ 定期组织消防安全培训和消防演练的情况；

④ 是否建立消防档案、确定消防安全重点部位；

⑤ 对属于人员密集场所的消防安全重点单位，还应当检查单位灭火和应急疏散预案中承担灭火和组织疏散任务的人员是否确定。

（4）大型人员密集场所和特殊建设工地监督检查的内容　对大型密集场所和特殊建设工程的施工现场进行消防监督抽查，应当重点检查施工单位履行下列消防安全职责的情况：

① 施工现场的消防安全制度、灭火和应急疏散预案是否制定，是否明确施工现场消防安全管理人员；

② 在建工程内是否设置人员住宿、可燃材料及易燃易爆危险品储存等场所；

③ 是否设置临时消防给水系统、临时消防应急照明，消防器材是否配备齐全并完好有效；

④ 是否设有消防车通道并畅通；

⑤ 是否组织员工进行消防安全教育培训和消防演练；

⑥ 施工现场人员宿舍、办公用房的建筑构件燃烧性能、安全疏散是否符合消防技术标准。

(5) 大型群众性活动举办前活动现场消防安全检查的内容：

① 室内活动使用的建筑物（场所）是否依法通过消防验收或者进行消防竣工验收备案，公众聚集场所是否通过使用、营业前的消防安全检查；

② 临时搭建的建筑物是否符合消防安全要求；

③ 是否制定灭火和应急疏散预案并组织演练；

④ 是否明确消防安全责任分工并确定消防安全管理人员；

⑤ 活动现场消防设施、器材是否配备齐全并完好有效；

⑥ 活动现场的疏散通道、安全出口和消防车通道是否畅通；

⑦ 活动现场的疏散指示标志和应急照明是否符合消防技术标准并完好有效。

(6) 错时监督抽查的内容　错时消防监督抽查是指公安机关消防机构针对特殊监督对象，把监督执法警力部署到火灾高发时段和高发部位，在正常工作时间以外时段开展的消防监督抽查。实施错时消防监督抽查，公安机关消防机构可以会同治安、教育、文化等部门联合开展，也可以邀请新闻媒体参加，但检查结果应当通过适当方式予以通报或向社会公布。公安机关消防机构夜间对营业的公众聚集场所进行消防监督抽查时，应当重点检查单位履行下列消防安全职责的情况：

① 自动消防系统操作人员是否在岗在位，是否持证上岗；

② 消防设施是否正常运行，疏散指示标志和应急照明是否完好有效；

③ 场所疏散通道和安全出口是否畅通；

④ 防火巡查是否按照规定开展。

三、单位消防安全检查

单位消防安全检查是指单位内部结合自身情况，适时组织地督促、查看、了解本单位内部消防安全工作情况以及存在的问题和隐患的一项消防安全管理活动。

1. 单位消防安全检查的目的和形式

(1) 消防安全检查的目的　单位通过消防安全检查，对本单位消防安全制度、安全操作规程的落实和遵守情况进行检查，以督促规章制度、措施的贯彻落实，这是单位自我管理、自我约束的一种重要手段，是及时发现和消除火灾隐患、预防火灾发生的重要措施。

(2) 消防安全检查的形式　消防安全检查是一项长期的、经常性的工作，在组织形式上应采取经常性检查和定期性检查相结合、重点检查和普遍检查相结合的方式方法。具体检查形式主要有以下几种：

① 一般日常性检查　这种检查是按照岗位消防责任制的要求，以班组长、安全员、义务消防员为主对所处的岗位和环境的消防安全情况进行检查，通常以班前、班后和交接班时为检查的重点。

一般日常性检查能及时发现不安全因素，及时消除安全隐患，它是消防安全检查的重要形式之一。

② 防火巡查　消防人员对场所的日常防火巡查，是指应用最简单直接的方法，在管辖区内巡视、检查发现消防违章行为，劝阻、制止违反规章制度的人和事，妥善处理安全隐患并及时处置紧急事件的活动。防火巡查是单位保证消防安全的严格管理措施之一，这是消防安全重点单位常用的一种消防检查形式。

单位防火巡查的内容：用火、用电有无违章情况；安全出口、疏散通道是否畅通，安全疏散指示标志、应急照明设施是否完好；消防设施、器材和消防安全标志是否在位、完整；常闭式防火门是否处于关闭状态，防火卷帘下是否堆放物品影响使用；消防安全重点部位的人员在岗情况；其他消防安全情况。

单位防火巡查的要求：单位的防火巡查一般由当日消防值班人员负责；防火巡查部位一般是单位的重点部位，比如配电室、厨房、员工宿舍、锅炉房、计算机房、消防中控室等；公共聚集场所在营业期间应每两小时巡查一次，其他单位可根据实际情况自行确定；防火巡查人员应当及时纠正违章行为，妥善处置火灾危险，无法当场处置的，应当立即报告。发现初起火灾应当及时扑救并立即报警；防火巡查时应当填写巡查记录，巡查人员及其主管人员应当在巡查记录上签名。

③ 定期防火检查　这种检查是按规定的频次进行，或者按照不同的季节特点，或者结合重大节日进行检查。这种检查通常由单位领导组织，或由有关职能部门组织，除了对所有部位进行检查外，还要对重点部门进行重点检查。

④ 专项检查　根据单位实际情况以及当前主要任务和消防安全薄弱环节开展的检查，如用电检查、用火检查、疏散检查、消防设施检查、危险品储存与使用检查等，专项检查应有专业技术人员参加。

⑤ 夜间检查　夜间检查是预防夜间发生大火的有效措施，检查主要依靠夜间值班干部、警卫和专、兼职消防管理人员。重点是检查火源、电源以及其他异常情况，及时堵塞漏洞，消除隐患。

⑥ 其他形式的检查　根据需要进行的其他形式检查，如重大活动前的检查、季节性检查等。

2. 单位防火检查的频次、要求及内容

（1）单位防火检查的频次及要求　机关、团体、事业单位应当至少每季度进行一次防火检查，其他单位应当至少每月进行一次防火检查。

防火检查应当填写检查记录。检查人员和被检查部门负责人应当在检查记录上签名。

（2）单位防火检查的内容：

① 火灾隐患的整改情况以及防范措施的落实情况；

② 安全疏散通道、疏散指示标志、应急照明和安全出口情况；

③ 消防车通道、消防水源情况；

④ 灭火器材配置及有效情况；

⑤ 用火、用电有无违章情况；

⑥ 重点工种人员以及其他员工消防知识的掌握情况；

⑦ 消防安全重点部位的管理情况；

⑧ 易燃易爆危险物品和场所防火防爆措施的落实情况以及其他重要物资的防火安全情况；

⑨ 消防（控制室）值班情况和设施运行、记录情况；

⑩ 消防安全标志的调协情况和完好、有效情况及其他需要检查的内容。

3. 单位消防安全检查的方法

消防安全检查的方法是指单位为达到实施消防安全检查的目的所采取的技术措施和手段。消防安全检查手段直接影响检查的质量，单位消防安全管理人员在进行自身消防安全检查时应根据检查对象的情况，灵活运用以下各种手段，了解检查对象的消防安全管理情况。

（1）查阅消防档案

① 消防安全重点单位的消防档案应包括消防安全基本情况和消防安全管理情况。

② 制定的消防安全制度和操作规程是否符合相关法规和技术规程。

③ 灭火和应急救援预案是否可靠。

④ 查阅公安机关消防机构填发的各种法律文书，尤其要注意责令改正或重大火灾隐患限期整改的相关内容是否得到落实。

（2）询问员工

① 询问各部门、各岗位的消防安全管理人，了解其实施和组织落实消防安全管理工作的概况以及对消防安全工作的熟悉程度。

② 询问消防安全重点部位的人员，了解单位对其培训的概况。

③ 询问消防控制室的值班、操作人员，了解其是否具备岗位资格。

④ 公众聚集场所应随机抽询数名员工，了解其组织引导在场群众疏散的知识和技能以及报火警和扑救初起火灾的知识和技能。

（3）查看消防通道、防火间距、灭火器材、消防设施等情况　消防通道、消防设施、灭火器材、防火间距等是建筑物或场所消防安全的重要保障，国家的相关法律与技术规范对此都做了相应的规定。查看消防通道、消防设施、灭火器材、防火间距等，判断消防通道是否畅通，防火间距是否被占用，灭火器材是否配置得当并完好有效，消防设施各组件是否完整齐全无损、各组件阀门及开关等是否置于规定启闭状态，各种仪表显示位置是否处于正常允许范围等。

（4）测试消防设施　使用专用检测设备测试消防设施设备的工况，要求防火检查员应具备相应的专业技术基础知识，熟悉各类消防设施的组成和工作原理，掌握检查测试方法以及操作中应注意的事项。对一些常规消防设施的测试，利用专用检测设备对火灾报警器报警、消防电梯强制性停靠、室内外消火栓压力、消火栓远程启泵、压力开关和水力警铃、末端试水装置、防火卷帘启闭等项目进行测试。

第五章

初起火灾处置

初起火灾的扑救，通常指的是在发生火灾以后，专职消防队尚未到火场以前，对刚发生的火灾事故所采取处理的措施。通常建筑物火灾，在火灾初期阶段，如能及时发现、及时行动大多都能将其扑灭。一般初起火灾能被扑灭的范围大体可限定在室内的吊顶、隔断及其他物资被燃烧之前。

第一节　初起火灾处置的原则与要求

无论是公安消防队员、专职消防人员，还是志愿消防人员，或是一般居民群众，扑救初起火灾的基本对策与原则是一致的。

一、初起火灾处置原则

1. 救人第一

救人第一的原则，是指火场上如果有人受到火势威胁，企、事业单位专职（或志愿）消防队员的首要任务就是把被烟火围困的人员抢救出来。运用这一原则时，要根据火势情况和人员受火势威胁的程度而定。救人与救火同时进行，以救火保证救人工作的展开，但绝不能因为救火而贻误救人时机。在灭火力量较强时，人未救出之前，灭火是为了打开救人通道或减弱火势对人员威胁程度，从而更好地为救人脱险、及时扑灭火灾创造条件。在具体施救时遵循“就近优先、危险优先、弱者优先”的基本要求。

2. 先控制、后消灭

先控制、后消灭的原则，是指对于不可能立即扑灭的火灾，要首先控制火势的继续蔓延扩大，在具备了扑灭火灾的条件时，再展开全面进攻，一举消灭火灾。例如，燃气管道着火后，要迅速关闭阀门，断绝气源，堵塞漏洞，防止气体扩散，同时保护受火威胁的其他设施，当建筑物一端起火向另一端蔓延时，应从中间适当部位加以控制，建筑物的中间着火时，应从两侧控制，以下风方向为主，发生楼层火灾时，应从上向下控制，以上层为主；对密闭条件较好的室内火灾，在未做好灭火准备之前，必须关闭门窗，以减缓火势蔓延。志愿消防队灭火时，应根据火灾情况和本身力量灵活运用这一原则。对于能扑灭的火灾，要抓住战机，就地取材，速战速决；如火势较大，灭火力量相对薄弱，或因其他原因不能立即扑灭时，就要把主要力量放在控制火势发展或防止爆炸、泄露等危险情况发生上，为防止火势扩大、彻底扑灭火灾创造有利条件。

先控制，后消灭在灭火过程中是紧密相连不能截然分开的。特别是对于扑救初起火灾来说，控制火势发展与消灭火灾二者没有根本的界限，几乎是同时进行的，应该根据火势情况与本身力量灵活运用。

3. 先重点、后一般

先重点、后一般的原则，是指在扑救初起火灾时，要全面了解和分析火场具体情况，区分重点和一般。很多时候，在火场上，重点与一般是相对的，一般来说，要分清以下情况：

（1）人与物相比，救人是重点；

（2）贵重物资与一般物资相比，保护和抢救贵重物资是重点；

（3）火势蔓延猛烈的地带与其他地带相比，控制火势蔓延猛烈的地带是重点；

（4）有爆炸、毒害、倒塌危险的区域与没有这些危险的区域相比，处置有危险的区域是重点；

（5）火场上的下风方向与其他方向相比，下风方向是重点；

（6）易燃、可燃物资集中的区域与这类物品较少的区域相比较，这类物品集中的区域是重点；

（7）要害部位与其他部位相比较，要害部位是重点。

4. 快速准确，协调作战

快速准确的原则，是指在火灾初起时迅速、准确地靠近着火点。早灭火，就越有利于抢在火灾蔓延扩大之前控制火势，消灭火灾。协调作战的原则，是指参与扑救火灾的所有组织、个人之间在扑救初起火灾的过程中相互协作，步调一致，参与者之间密切配合的行动。

二、初起火灾处置要求

一旦遇到火灾，无论是何种类型的，首先要做的事情有三件：一是及早通知他人；二是尽快灭火；三是尽早逃生。

1. 及早通知他人

也就是说，发现火情后，无论火情大小，都要尽快通知其他人，尽量不要一个人或一家人来灭火，因为火灾的突发性、多变性会导致火势随时扩大蔓延。及早地通知他人，不仅可以及早地唤醒别人的警觉，及时采取应对措施，而且还可以寻求他人的帮助，更加有利于及早将火扑灭。

2. 尽快灭火

日本消防专家的研究表明，初起火灾扑救能否成功，关键就在着火后的 3min

内。因为着火初期3min内，烟淡火弱，火也只在地面等横向蔓延，或在火蔓延至窗帘、隔断等纵向表面之前，扑救人员不易受烟、火的困扰，只要勇敢、沉着，不畏惧，一般都能将火扑灭。

扑灭初起火灾时，要有效利用室内消火栓、灭火器、消防水桶等消防设施与器材：

(1) 离火灾现场最近的人员，应根据火灾种类正确有效地利用附近灭火器等设备与器材进行灭火，且尽可能多地集中在火源附近连续使用；

(2) 在使用灭火器具进行灭火的同时，要利用最近的室内消火栓进行初起火灾的扑救；

(3) 灭火时，要考虑水枪的有效射程，尽可能靠近火源，压低姿势向燃烧着的物体喷射。

除利用灭火器和水进行灭火外，还可灵活运用身边的其他物品，如坐垫、褥垫、浸湿的衣服、扫帚等拍打火苗，用毛巾、毛毯盖火等灭火。

【案例5-1】 2002年8月26日晚，某小学一名四年级小学生放暑假独自一人在家，正赶上停电，为了躺在床上看书，他点燃了一支蜡烛。不一会看着书进入了梦乡，蜡烛燃尽，引燃了凉席，将他烤醒。遇火他没有惊慌，而是迅速跑进洗手间，拿出擦地板用的湿毛巾，往火苗上一盖，将火扑灭。这名年仅10岁的小孩成功处置初起火灾的本领得益于公安消防总队向小学生们赠阅的《小学消防课本》。

3. 尽早逃生

当火已蔓延到吊顶、隔断或窗帘时，意味着火势已发展扩大，此时必须立即沿着疏散指示标志指引的方向尽快撤离，否则就会有生命危险。因为此时此刻火势的发展已到了非专业消防队不能扑救的地步，灭初起火灾的任务已经结束。

第二节 火灾报警

根据《消防法》的有关规定，任何单位和个人在发现火灾时，都应当立即报警。任何单位和个人都应当无偿为报警提供便利，不得拖延报警，不得阻拦他人报警。严禁谎报火警。

一、立即报火警的重要性

经验告诉我们，在起火后的十几分钟内，能否将火扑灭，不造成大火，这是个关键时刻。把握住灭火的关键时刻主要有两条：一是利用现场灭火器材及时扑救；二是同时报火警，以便调来足够的力量，尽早地控制和扑灭火灾。不管火势大小，只要发现起火，都应及时报警，甚至是自己以为有足够的力量扑灭火灾的，也应当向公安消防部门报警。火势的发展往往是难以预料的，如扑救方法不当、对起火物质的性质不了解、灭火器材的效用所限等种种原因，都有可能控制不住火势而酿成大火，若此刻才想起报警，由于错过火灾的初期阶段，就是消防队到场扑救，也必然费力费时，火扑灭了，也会造成一定损失。有时由于火势已发展到了猛烈阶段，消防队到场也只能控制火势不使之蔓延扩大，但损失及其危害已成定局。

【案例 5-2】 2005 年 6 月 10 日 11 时 40 分左右，某宾馆突发大火。死亡人数为 31 人，该宾馆的老板在火灾发生后就不见踪影了。

据多名幸存的宾馆员工透露："刚开始时，只是看见烟，我们都去救火了。后来，火大起来。我们就救不了了。"宾馆的一名厨师说："当时我正在厨房里为客人准备午饭，后来听见老板在外面喊：'二楼着火了，大家快去救火啊！'"该厨师反映这名老板，发现着火却没有报警，但参与了救火，可后来就不见他的踪影了。

在宾馆二楼 KTV 包房上班的一女孩，死里逃生的她介绍说："我们住在宾馆的四楼。起火时我们很多姐妹都在房间里睡觉，客房的服务员根本没有通知我们。"

所以说"报警早，损失小"就是这个道理。在发生火灾后，及早报火警是及时扑灭火灾的前提，这是起火之后首要的重要行动之一，它对于迅速扑救火灾、减少火灾危害、减少火灾损失具有非常重要的作用。

二、火灾报警的对象、方法及内容

1. 报火警的对象

发生火灾后，应立即向以下部门和人员发送火灾警报和信息。

(1) 公安消防队　公安消防队是灭火的主要力量，即使失火单位有专职消防队，也应向公安消防队报警，绝不可等个人或单位扑救不了再向公安消防队报警，以免延误灭火最佳时机。

(2) 受火灾威胁的人员　向受火灾威胁的人员报警，以便他们迅速做好疏散准备，尽快疏散撤离。

(3) 火场周围人员　向火场周围人员报警，除让他们及早知晓火情、尽快辙离火场外，一方面可使他们利用各自的通讯工具向"119"火警台报警，另一方面可及早阻止其他人员进入火场。

(4) 本单位及附近单位专职、志愿消防队　很多单位都有专职消防队，并配置了消防车等消防装备。单位一旦有火情，尽快向其报警，以便争取时间投入灭火战斗。

2. 火灾报警方法及内容

(1) 拨打"119"火警电话　"119"火警电话是我国火灾报警的专用电话号码，它设置在我国每个城市公安消防指挥中心的火警受理平台，具有优先通话的功能。发现起火后，要首选拨打"119"电话报警。

报警人在报火警时应告知以下内容：

① 是火灾还是要求救助；

② 说清起火点、名称和准确的地理位置，如所处的区（县）、街道、胡同、门牌号码或乡村地址，如果讲不清门牌号，也要说清哪个区，所在建筑物附近有哪些标志性建筑物；大型企业要讲清分厂、车间或部门；高层建筑要讲清着火的楼层。

总之，要说得明确、具体；

③ 火灾现场基本情况，如起火的时间、起火的部位、着火的物质、火势大小、有无人员受困、有无贵重物品、有无爆炸和毒气泄露、周围有何明显标志、消防车从何地驶入最方便等；

④ 报警人的姓名、联系电话：以上情况报完时，报警人应当将自己的姓名及所用电话的号码告知接警台，以便消防部门联系和了解火场情况。报警完毕后，应亲自或派人到路口接应消防车。

(2) 大声呼喊报警　当发现起火后，在拨打“119”电话向公安消防队报警的同时，要大声疾呼，向将受火灾威胁的人员和火场周围的人员报警，以便他们及早地疏散撤离。

(3) 使用手动报警设备报警　当建筑物内设有火灾自动报警系统时，可利用该系统设置在墙壁上的火灾手动报警按钮设备进行火灾报警，以便能及早地通知建筑物的消防控制中心发出火灾警报。

(4) 使用有线广播报警　建筑物消防控制中心的火灾控制设备一般都设有火灾应急广播系统，当消防控制中心确认火灾并实施报警的情况下，应立即启用应急广播，将火灾扑救和人员疏散等有关的行动方案和内容，通知专职（或志愿）消防队、消防安全管理人及相关人员，并反复播放。

(5) 使用敲锣等方法报警　农村或通讯不发达等地区可以采用敲锣打鼓的方式来向周围人员报火警。这种方式自古以来就有，一直沿用至今。

三、谎报火警违法

在不少地方都发现有个别人打电话谎报火警。有的人抱着试探心理，看报警后消防车辆是否到来；有的人报火警来开玩笑；有的甚至是为报复对自己有成见的人，用报火警的方法来搞恶作剧，故意捉弄对方。

《消防法》第四十四条中明确规定：严禁谎报火警。谎报火警属于违法行为。按照《中华人民共和国治安管理处罚法》第二条规定，谎报火警是扰乱公共秩序、妨害公共安全的行为，视其情节的严重程度拘留并罚款。因为每个城市或地区的消防力量资源都是有限的，如因假报或谎报火警而出动消防车辆，必然会削弱正常的消防执勤力量。倘若正值此时某单位或家庭真的发生火灾，就会影响正常的出警和扑救，以致造成不应有的损失。

第三节　灭火器的灭火方法

灭火器是一种轻便的灭火工具，它由筒体、器头、喷嘴等部件组成，借助驱动压力可将所充装的灭火剂喷出，达到灭火的目的。灭火器结构简单，操作方便，使用广泛，是扑救各类初起火灾的重要消防器材。

一、灭火器的分类

不同种类的灭火器，适用于不同物质的火灾，其结构和使用方法也各不相同。灭火器的种类较多，按其移动方式可分为手提式和推车式；按驱动灭火剂的动力来源可分为储气瓶式、储压式；按所充装的灭火剂则又可分为水基型灭火器、干粉灭火器、二氧化碳灭火器、洁净气体灭火器、泡沫灭火器等。

二、常用灭火器的灭火机理与应用范围

根据《建筑灭火器配置验收及检查规范》（GB 50444）规定，酸碱型灭火器、化学泡沫灭火器、倒置使用型灭火器以及氯溴甲烷、四氯化碳灭火器应报废处理，也就是说这几类灭火器已被淘汰。目前常用灭火器的类型主要有：水基型灭火器、干粉灭火器、二氧化碳灭火器、洁净气体灭火器等。

1. 水基型灭火器

水基型灭火器是指内部充入的灭火剂是以水为基础的灭火器。灭火剂一般由水、氟碳表面活性剂、碳氢表面活性剂、阻燃剂、稳定剂等多组分配合而成，以氮气（或二氧化碳）为驱动气体，是一种高效的灭火剂。常用的水基型灭火器有清水灭火器、水基型泡沫灭火器和水基型水雾灭火器三种。

(1) 清水灭火器　清水灭火器是指筒体中充装的是清洁的水，并以二氧化碳（氮气）为驱动气体的灭火器。一般有 6L 和 9L 两种规格，灭火器容器内分别盛装有 6L 和 9L 的水。

它主要用于扑救固体物质火灾，如木材、棉麻、纺织品等的初起火灾，但不适于扑救油类、电气、轻金属以及可燃气体火灾。清水灭火器的有效喷水时间为 1min 左右，所以当灭火器中的水喷出时，应迅速将灭火器提起，将水流对准燃烧最猛烈处喷射；同时，清水灭火器在使用中应始终与地面保持大致垂直状态，不能颠倒或横卧，否则会影响水流的喷出。

(2) 水基型泡沫灭火器　水基型泡沫灭火器内部装有水成膜泡沫灭火剂和氮气，除具有氟蛋白泡沫灭火剂的显著特点外，还可在烃类物质表面迅速形成一层能抑制其蒸发的水膜，靠泡沫和水膜的双重作用迅速有效地灭火，是化学泡沫灭火器的更新换代产品。它能扑灭可燃固体、液体的初起火灾，更多用于扑救石油及石油产品等非水溶性物质的火灾（抗溶性泡沫灭火器可用于扑救水溶性易燃、可燃液体火灾）。水基型泡沫灭火器具有操作简单、灭火效率高，使用时不需倒置、有效期长、抗复燃、双重灭火等优点，是木竹类、织物、纸张及油类物质的开发加工、贮运等场所的消防必备品，并广泛应用于油田、油库、轮船、工厂、商店等场所。

(3) 水基型水雾灭火器　水基型水雾灭火器是我国 2008 年开始推广的新型水雾灭火器，其具有绿色环保（灭火后药剂可 100%生物降解，不会对周围设备与空间造成污染）、高效阻燃、抗复燃性强、灭火速度快、渗透性强等特点，是之前其他同类型灭火器所无法相比的。该产品是一种高科技环保型灭火器，在水中添加少量的有机物或无机物可以改进水的流动性能、分散性能、润湿性能和附着性能等，

进而提高水的灭火效率。它能在3s内将一般火势熄灭，不复燃，并且具有将近千度的高温瞬间降至30～40℃的功效。主要适合配置在具有可燃固体物质的场所，如商场、饭店、写字楼、学校、旅游、娱乐场所、纺织厂、橡胶厂、纸制品厂、煤矿厂甚至家庭等地。

2. 干粉灭火器

干粉灭火器是利用氮气作为驱动动力，将筒内的干粉喷出灭火的灭火器。干粉灭火器内充装的是干粉灭火剂。干粉灭火剂是用于灭火的干燥且易于流动的微细粉末，由具有灭火效能的无机盐和少量的添加剂经干燥、粉碎、混合而成的微细固体粉末组成。它是一种在消防中得到广泛应用的灭火剂，且主要用于灭火器中。除扑救金属火灾的专用干粉化学灭火剂外，干粉灭火剂一般分为BC干粉灭火剂和ABC干粉灭火剂两大类。目前国内已经生产的产品有：磷酸铵盐、碳酸氢钠、氯化钠、氯化钾干粉灭火剂等。

干粉灭火器可扑灭一般可燃固体火灾，还可扑灭油、气等燃烧引起的火灾，主要用于扑救石油、有机溶剂等易燃液体、可燃气体和电气设备的初期火灾，广泛用于油田、油库、炼油厂、化工厂、化工仓库、船舶、飞机场以及工矿企业等。

3. 二氧化碳灭火器

二氧化碳灭火器的容器内充装的是二氧化碳气体，靠自身的压力驱动喷出进行灭火。二氧化碳是一种不燃烧的惰性气体，它在灭火时具有两大作用：一是窒息作用，当把二氧化碳施放到灭火空间时，由于二氧化碳迅速汽化稀释燃烧区的空气，使空气的氧气含量减少到低于维持物质燃烧时所需的极限含氧量时，物质就不会继续燃烧从而熄灭；二是具有冷却作用，当二氧化碳从瓶中释放出来，由于液体迅速膨胀为气体，会产生冷却效果，致使部分二氧化碳瞬间转变为固态的干冰，干冰迅速汽化的过程中要从周围环境中吸收大量的热量，从而达到灭火的效果。二氧化碳灭火器具有流动性好、喷射率高、不腐蚀容器和不易变质等优良性能，用来扑灭图书、档案、贵重设备、精密仪器、600V以下电气设备及油类的初起火灾。

4. 洁净气体灭火器

这类灭火器是将洁净气体（如IG541、七氟丙烷、三氟甲烷等）灭火剂直接加压充装在容器中，使用时，灭火剂从灭火器中排出形成气雾状射流射向燃烧物，当灭火剂与火焰接触时发生一系列物理化学反应，使燃烧中断，达到灭火目的。洁净气体灭火器适用于扑救可燃液体、可燃气体和可融化的固体物质以及带电设备的初期火灾，可在图书馆、宾馆、档案室、商场、企事业单位以及各种公共场所使用。其中IG541灭火剂的成分为50%的氮气、40%的二氧化碳和10%的惰性气体。洁净气体灭火器对环境无害，在自然环境中存留期短，灭火效率高且低毒，适用于有工作人员常驻的防护区，是卤代烷灭火器在现阶段较为理想的替代产品。

注：卤代烷灭火器又称哈龙灭火器，是将卤代烷1211、1301（分别为二氟一氯一溴甲烷、三氟一溴甲烷的代号）灭火剂以液态状充装在容器中，并用氮气或二氧化碳加压作为灭火剂的喷射动力的灭火器。卤代烷灭火剂是一种低沸点的液化气体，它在灭火过程中的基本原理是化学中断作用，最大程度上不伤及着火物件，所以最适合扑救易燃、可燃液体、气体、带电设备

以及固体物质的表面初起火灾。由于卤代烷灭火剂对大气臭氧层有较大的破坏作用，所以我国早在 1994 年 11 月就下发了《关于在非必要场所停止再配置哈龙灭火器的通知》，规定在非必要使用场所一律不准新配置 1211 等哈龙灭火器，并鼓励使用对环境保护没有影响的哈龙替代技术，如洁净气体灭火器等。

三、灭火器的构造与使用方法

1. 手提式灭火器

手提式灭火器根据驱动气体的驱动方式可分为：贮压式、外置储气瓶式、内置储气瓶式三种形式。外置储气瓶式和内置储气瓶式主要应用于干粉灭火器，随着科技的发展，性能安全可靠的贮压式干粉灭火器逐步取代了储气瓶式干粉灭火器。储气瓶式干粉灭火器较贮压式干粉灭火器构造复杂、零部件多、维修工艺繁杂；在贮存时此类灭火器筒体内干粉易吸潮结块，如维护保管不当将影响到灭火器的安全使用性能；在使用过程中，平时不受压的筒体及密封连接处瞬间受压，一旦灭火器筒体承受不住瞬时充入的高压气体，容易发生爆炸事故。目前这两种结构的灭火器已经停止生产，市场上主要是贮压式结构的灭火器，像 1211 灭火器、干粉灭火器、水基型灭火器等都是贮压式结构，如图 5-1 所示。

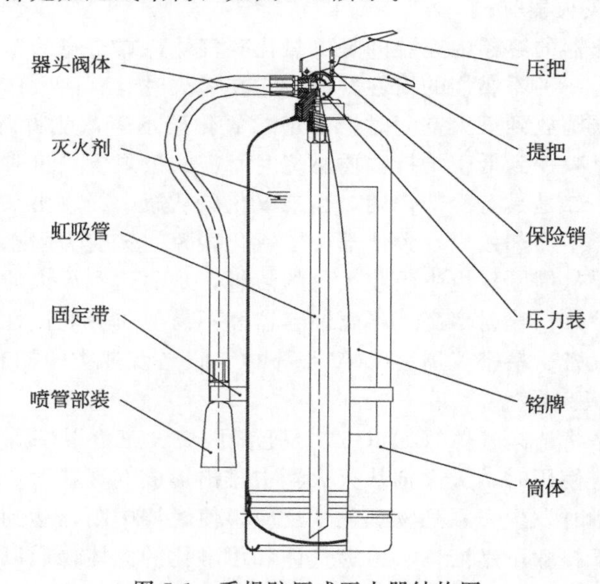

图 5-1 手提贮压式灭火器结构图

手提贮压式灭火器主要由筒体、器头阀门、喷（头）管、保险销、灭火剂、驱动气体（一般为氮气，与灭火剂一起充装在灭火器筒体内，额定压力一般在 1.2～1.5MPa）、压力表以及铭牌等组成。在待用状态下，灭火器内驱动气体的压力通过压力表显示出来，以便判断灭火器是否失效。

手提式干粉灭火器使用时，应手提灭火器的提把或肩扛灭火器到火场。在距燃烧处 5m 左右，放下灭火器，先拔出保险销，一手握住开启把，另一手握在喷射软管前端的喷嘴处。如灭火器无喷射软管，可一手握住开启压把，另一手扶住灭火器底部的底圈部分。先将喷嘴对准燃烧处，用力握紧开启压把，对准火焰根部扫射。在使用干粉灭火器灭火的过程中要注意，如果在室外，应尽量选择在上风方向。

手提式二氧化碳灭火器结构与手提贮压式灭火器结构相似，只是充装压力较高而已，一般在5.0MPa左右，二氧化碳既是灭火剂又是驱动气体。以前二氧化碳灭火器除鸭嘴式外还有一种手轮式结构，由于操作不便、开启速度慢等原因，现已明令淘汰。手提式二氧化碳灭火器结构如图5-2所示。

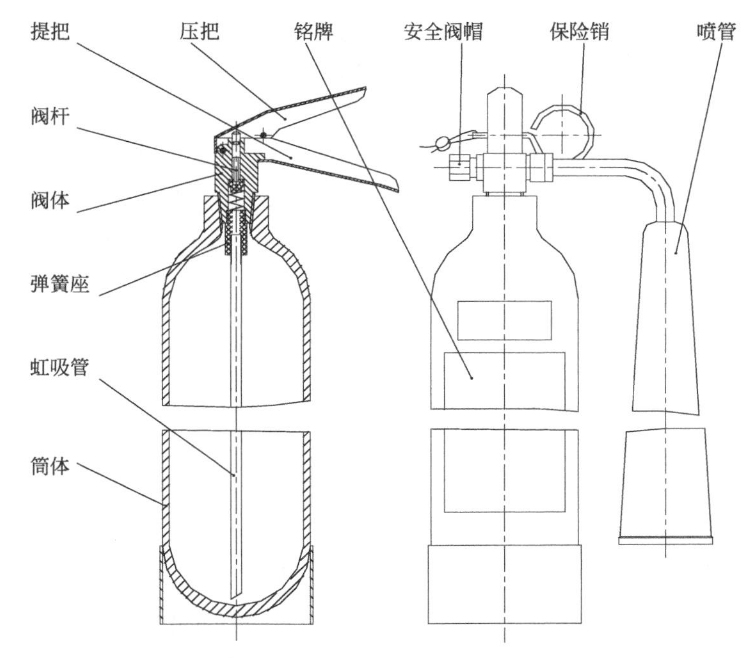

图5-2　手提式二氧化碳灭火器结构图

手提式二氧化碳灭火器的结构与其他手提式灭火器的结构基本相似，只是二氧化碳灭火器的充装压力较大，取消了压力表，增加了安全阀。判断二氧化碳灭火器是否失效，利用称重法。标准要求二氧化碳灭火器每年至少检查一次，低于额定充装量的95%就应进行检修。

灭火时只要将灭火器提到火场，在距燃烧物5m左右，放下灭火器拔出保险销，一手握住喇叭筒根部的手柄，另一只手紧握启闭阀的压把。对没有喷射软管的二氧化碳灭火器，应把喇叭筒往上扳70°～90°。灭火时，当可燃液体呈流淌状燃烧时，使用者将二氧化碳灭火剂的喷流由近而远向火焰喷射。如果可燃液体在容器内燃烧时，使用者应将喇叭筒提起，从容器的一侧上部向燃烧的容器中喷射。但不能将二氧化碳射流直接冲击可燃液面，以防止将可燃液体冲出容器而扩大火势，造成灭火困难。使用二氧化碳灭火器扑救电气火灾时，如果电压超过600V，应先断电后灭火。

注意事项：使用二氧化碳灭火器时，在室外使用的，应选择在上风方向喷射，使用时宜佩戴手套，不能直接用手抓住喇叭筒外壁或金属连接管，防止手被冻伤。在室内狭小空间使用的，灭火后操作者应迅速离开，以防窒息。

2. 推车式灭火器

推车式灭火器结构如图 5-3 所示。

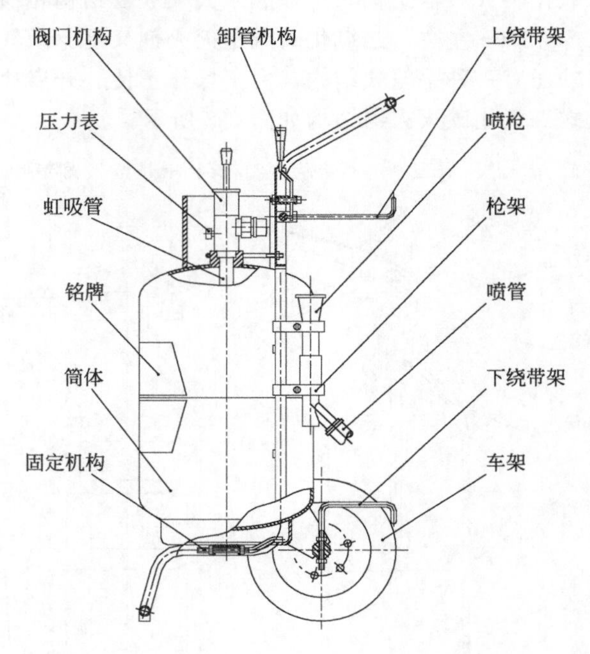

图 5-3 推车式灭火器结构图

推车式灭火器主要由灭火器筒体、阀门机构、喷管喷枪、车架、灭火剂、驱动气体（一般为氮气，与灭火剂一起密封在灭火器筒体内）、压力表及铭牌组成。铭牌的内容与手提式灭火器的铭牌内容基本相同。

推车式灭火器一般由两人配合操作，使用时两人一起将灭火器推或拉到燃烧处，在离燃烧物 10m 左右停下，一人快速取下喷枪（二氧化碳灭火器为喇叭筒）并展开喷射软管后，握住喷枪（二氧化碳灭火器为喇叭筒根部的手柄），另一人快速按逆时针方向旋动手轮，并开到最大位置。其灭火方法和注意事项与手提式灭火器基本一致。

第四节 消火栓的灭火方法

一、消火栓的分类

消防栓是灭火供水的主要设备之一，按安装位置分为室内消火栓和室外消火栓两种。

1. 室外消火栓

室外消火栓是设置在建筑物外面消防给水管网上的供水设施系统，主要供消防车从市政给水管网或室外消防给水管网取水实施灭火，也可以直接连接水带、水枪出水灭火，是扑救火灾的重要消防设施之一。

（1）室外消火栓类型及特点　室外消火栓，传统的有地上式消火栓、地下式消火栓，新型的有室外直埋伸缩式消火栓（如彩图 5-4 所示）。

室外地上式消火栓在地上接水，操作方便，但易被碰撞，易受冻，所以适用于有市政供水设施（自来水）的冬季不易结冰的地区。

室外地下式消火栓安装在室外地面以下，不易冻结、损坏，便利交通，适用于北方寒冷地区。但其缺点是，目标不明显，特别是雪天、雨天和夜间，所以附近应设明显醒目的标志，并且需要建较大的地下井室，使用时消防队员要到井内接水，不方便。

室外直埋伸缩式消火栓，具有不用时以直立状态埋于地面以下、使用时拉出地面工作的特点，与地上式消火栓相比，能有效避免碰撞和减少对景观的影响，防冻效果好；与地下式消火栓相比，不需要建筑地下井室，占地面积很小，安装、使用更加方便。

（2）室外消火栓系统的组成　室外消火栓给水系统是设置在建筑物外墙外的消防给水系统，主要承担城市、集镇、居住区或工矿企业等室外部分的消防给水任务的工程设施。

室外消火栓给水系统由消防水源、消防供水设备、室外消防给水管网和室外消火栓灭火设施组成。室外消防给水管网包括进水管、干管和相应的配件、附件。室外消火栓灭火设施包括室外消火栓、水带、水枪等。

2. 室内消火栓

室内消火栓给水系统是建筑物应用最广泛的一种消防设施。其既可以供火灾现场人员使用消火栓箱内的消防水喉、水枪扑救初期火灾，也可供消防队员扑救建筑物的大火。室内消火栓实际上是室内消防给水管网向火场供水的带有专用接口的阀门，其进水端与消防管道相连、出水端与水带相连。

室内消火栓设备包括室内消火栓箱、消火栓、水带、水枪、水喉等，是供人员灭火使用的主要工具，如彩图 5-5 所示。

（1）室内消火栓箱　室内消火栓箱内装着室内消火栓、水带、水枪、火灾报警按钮（或消防电话、消防水喉）等。它分为明装和暗装，箱体尺寸分别为：单栓为 600mm×800mm；双栓为 750mm×1200mm；栓口距地面 1100mm。栓口向外与墙呈 90°直角，颜色为“消防红”，非燃材料制作。箱体制作材料分为普通金属、不锈钢、铝合金、石材等。

（2）室内消火栓　室内消火栓是指安装在室内消防管网向火场供水并带有专用接口的阀门。其进水口与消防管道相连，出水口与水带连接。室内消火栓分为：SN 直角单出口；SN45°单出口、SN45°双出口。一般不推荐使用双出口消火栓；若使用，要求每个出口必须设有单独控制阀门。

消火栓栓口直径有 50mm 和 65mm 两种。一般水枪出口流量小于 5L/s 时，宜选用直径为 65mm 的栓口。高层建筑室内消火栓栓口直径应为 65mm。

（3）水带　室内消火栓配备消防水带直径分为 50mm 或 65mm 胶里水带。每个消火栓配备一条（盘）水带，水带两头为内扣式标准接口，水带长度为 20m，最长不应大于 25m，水带一头与消火栓出口连接，另一头与水枪连接。

(4) 水枪　室内消火栓配备消防水枪，其喷嘴直径有 13mm、16mm、19mm 三种，13mm 消防水枪与 50mm 水带配套；16mm 消防水枪与 50mm 或 65mm 的水带配套；19mm 水枪与 65mm 水带配套。一般情况下，当每支水枪最小流量不大于 5L/s 时，可选用口径 16mm 以下水枪；当每支水枪最小流量大于 5L/s 时，宜选用口径 19mm 的水枪。

(5) 消防水喉　消防水喉又称消防软管卷盘，由小口径消火栓、输水缠绕软管、小口径水枪组成。其栓口直径为 25mm，胶管内径为 19mm，胶管长度不超过 40m，水喉喷嘴口径不应小于 6mm。它可供商场、宾馆、仓库以及高、低层公共建筑内的服务人员、工作人员和一般人员进行初起火灾扑灭，可安装在消火栓箱内或单独设置。它与室内消火栓比较，具有操作简便、机动灵活等优点。

二、消火栓的使用与检查

几乎每栋建筑物在消防设计时都设置有消火栓系统，当初起火灾大致不能用附近的手提式灭火器进行扑救时，此时就应该考虑并寻找附近的消火栓来灭火。

1. 室外消火栓的操作方法与步骤

① 将消防水带铺开；

② 将水枪与水带快速连接；

③ 连接水带与室外消火栓；

④ 用室外消火栓专用扳手逆时针旋转，把螺杆旋到最大位置，打开消火栓。

注意：室外消火栓使用完毕，需打开排水阀，将消火栓内的积水排出，以免结冰将消火栓损坏。

2. 室内消火栓的使用方法

通常，室内消火栓的使用方法如下：打开室内消火栓箱箱门；按下栓箱内的消防泵启动按钮，启动消防泵；拉出并铺好消防水带，水带一端接好消火栓阀门口，另一端接上消防水枪，注意水带不要弯折、缠绕；将消火栓阀门向左旋转打开至最大位置；将消防水带拉直至起火点附近出水灭火。

3. 室内消火栓的检查

室内消火栓箱内应经常保持清洁、干燥，防止锈蚀、碰伤或其他损坏。每半年至少进行一次全面的检查维修，主要内容有：

① 检查消火栓和消防卷盘供水闸阀是否渗漏水，若渗漏水及时更换密封圈；

② 对消防水枪、水带、消防卷盘及其他进行检查，全部附件应齐全完好，卷盘转动灵活；

③ 检查报警按钮、指示灯及控制线路，应功能正常、无故障；

④ 消火栓箱及箱内装配的部件外观无破损、涂层无脱落，箱门玻璃完好无缺；

⑤ 对消火栓、供水阀门及消防卷盘等所有转动部位应定期加注润滑油。

第六章

火场疏散与逃生

很多火灾事故表明，预防火灾固然重要，但有时候火灾会防不胜防。因此，发生火灾后，除积极采取灭火行动外，还有一个至关重要的问题就是快速地安全疏散逃生，本章将介绍火场的疏散与逃生。

第一节　消防安全标志

消防安全标志已在各类建筑和场所中广泛应用，对有效地预防和减少火灾事故发生发挥了重要作用。消防安全标志由表示特定消防安全信息的图形符号、安全色、几何形状（或边框）等构成，必要时辅以文字或方向指示的安全标志。

一、安全色的涵义

安全色是表示安全信息含义的颜色。采用安全色可以使人的感官适应能力在长期生活中形成和固定下来，以利于生活和工作，目的是使人们通过明快的色彩能够迅速发现和分辨安全标志，提醒人们注意，防止事故发生。根据国际通用的安全色，我国现行国家标准 GB 2893—2008《安全色》也规定红、黄、蓝、绿四种颜色作为全国通用的安全色。不同色彩对人的心理活动产生不同的影响，同时也使人的生理行为产生不同的反应。根据 GB 2893—2008《安全色》，红色用来传递禁止、停止、危险或提示消防防备、设施的信息；蓝色用来传递必须遵守规定的指令性信息；黄色用来传递注意、警告的信息；绿色用来传递安全的提示性信息。

1. 红色

红色很醒目，使人们在心理上会产生兴奋和刺激性，易使人的神经紧张，血压升高，心跳和呼吸加快，从而引起高度警觉。另外，红色光光波较长，不易被尘雾所散射，在较远的地方也容易辨认，即红色的注目性非常高，视认性也很好。所以在安全色中，红色用来传递禁止、停止、危险或提示消防防备、设施的信息。常被用于各种警灯、机器、交通工具上的紧急手柄、按钮或禁止人们触动的部位，以及消防车辆、器材和消防警示标志上。

2. 黄色

黄色对人眼能产生比红色更高的明度，黄色与黑色组成的条纹是视认性最高的色彩，特别能引起人们的注意。所以黄色用来传递注意、警告的信息。如行车中线、安全帽、信号灯、信号旗、机器危险部位和坑池周围的警戒线以及消防警示标志等均采用黄色。

3. 蓝色

蓝色的注目性和视认性虽然都不太好，但与白色相配合使用效果不错，特别是太阳光直射的情况下，色彩显得鲜明，就如同面对一望无际的大海或遥望万里碧空时感到的心旷神怡。因而蓝色被选用为指令标志的颜色。一般被用在指引车辆和行人行驶方向的交通标志上，它会使司机在行车时感到精神舒畅，不易疲劳，提高安全效率。

4. 绿色

绿色的视认性和注目性虽然不高，但绿色是新鲜、年轻、青春的象征，具有和平、永远、生长、安全等心理效应，所以用绿色提示安全信息，在安全通道、太平门、行人和车辆通行标志、消防设备和其他安全防护设置等位置被广泛使用。

二、消防安全标志类型

消防安全标志由几何形状、安全色、表示特定消防安全信息的图形符号或文字构成，向公众指示安全出口的位置与方向、安全疏散逃生的途径、消防设施设备的位置和火灾或爆炸危险区域的警示与禁止标志等特定的消防安全信息。它作为国家的一种强制性标志，早在 1992 年就制定，并于 1993 年开始施行我国的国家标准 GB 13495—92《消防安全标志》。该标准中规定了与消防有关的安全标志及其标志牌的制作与设置。随着社会的发展，根据我国消防安全工作的实际需要、管理特点和群众认知习惯，国家质量监督检验检疫总局、国家标准化管理委员会在 2015 年批准发布了 GB 13495.1—2015《消防安全标志　第 1 部分：标志》，代替 GB 13495—92《消防安全标志》，并于 2015 年 8 月 1 日起实施。这是自 1992 年首次发布以来，第一次进行大规模的修订。

根据国家标准 GB 13495.1—2015《消防安全标志　第 1 部分：标志》，将消防安全标志分为火灾报警装置标志、紧急疏散逃生标志、灭火设备标志、禁止和警告标志、方向辅助标志、文字辅助标志等 6 类，共有 25 个常见标志和 2 类方向辅助标志。

1. 火灾报警装置标志

我国的火灾报警装置标志包括四个：消防按钮、发生警报器、火警电话和消防电话，其形状为正方形或长方形，背底为红色，符号为白色。具体的图形、名称和使用说明如表 6-1 所示（见彩页）。

2. 紧急疏散逃生标志

我国的紧急疏散逃生标志包括六个：安全出口、滑动开门、推开、拉开、击碎板面和逃生梯，其形状为正方形或长方形，背底为绿色，符号为白色。具体的图形、名称和使用说明如表 6-2 所示（见彩页）。

3. 灭火设备标志

灭火设备标志用来表示灭火设备各自存放或存在的位置，用以告诉人们如果发生火灾，这些灭火设备可供随时取用。我国的灭火设备标志包括八个：灭火设备、消防软管卷盘、地下消火栓、地上消火栓、消防水泵接合器、手提式灭火器、推车式灭火器和消防炮，其形状为正方形或长方形，背底为红色，符号为白色。具体的图形、名称和使用说明如表 6-3 所示（见彩页）。

4. 禁止和警告标志

我国的禁止标志包括七个：禁止吸烟、禁止烟火、禁止放易燃物、禁止燃放鞭炮、禁止用水灭火、禁止阻塞和禁止锁闭。这类标志形状为圆形，背底为白色，符号为黑色，圆圈和斜线均为红色。

我国的警告标志包括三个：当心易燃物、当心氧化物和当心爆炸物。这类标志形状为正三角形，背底为黄色，符号和三角形边框为黑色。

具体的图形、名称和使用说明如表 6-4 所示（见彩页）。

5. 方向辅助标志

方向辅助标志通常分为疏散方向（即逃生路线方向）标志和火灾报警装备或灭火设备的方位标志两类。

疏散方向标志用以表示到达紧急出口的方向，其形状为正方形或长方形，背底为绿色，符号为白色。

火灾报警装备或灭火设备的方位标志用来表示火灾报警装备或灭火设备的方位，一般与消防按钮、发声警报器、火警电话以及各种灭火设备的标志联用，其形状也为正方形或长方形，背底为红色，符号为白色。

具体的图形、名称和使用说明如表 6-5 所示（见彩页）。

6. 文字辅助标志

文字辅助标志与图形标志或（和）方向辅助标志联用，用以表示文字所示的意义。文字辅助标志的底色应与联用的图形标志统一，如彩图 6-1 和彩图 6-2所示。

三、消防安全标志设置原则和要求

现行国家标准《消防安全标志设置要求》（GB 15630）对消防安全标志的设置原则和要求进行了明确规定。

1. 消防安全标志设置原则

（1）火灾报警装置标志的设置原则

① 手动火灾报警按钮和固定灭火系统的手动启动器等装置附近必须设置“消防按钮”标志。在远离装置的地方，应与方向辅助标志联合设置。

② 没有火灾报警器或火灾事故广播喇叭的地方应相应地设置“发声警报器”

标志。

③ 设有火灾报警电话的地方应设置“火警电话”标志。对于没有公用电话的地方（如电话亭），也可设置“火警电话”标志。

（2）紧急疏散逃生标志的设置原则

① 商场（店）、影剧院、娱乐厅、体育馆、医院、饭店、旅馆、高层公寓和候车（船、机）室大厅等人员密集的公共场所的安全出口、疏散通道处、层间异位的楼梯间（如避难层的楼梯间）、大型公共建筑常用的光电感应自动门或360°旋转门旁设置的一般平开疏散门，必须相应地设置“安全出口”标志。在远离安全出口的地方，应将“安全出口”标志与“疏散通道方向”标志联合设置，箭头必须指向通往安全出口的方向。

② 安全出口或疏散通道中的单向门必须在门上设置“推开”标志，在其反面应设置“拉开”标志。

③ 安全出口或疏散通道中的门上应设置“禁止锁闭”标志。

④ 疏散通道或消防车道的醒目处应设置“禁止阻塞”标志。

⑤ 滑动门上应设置“滑动开门”标志，标志中的箭头方向必须与门的开启方向一致。

⑥ 需要击碎玻璃板才能拿到钥匙或开门工具的地方或疏散中需要打开板面才能制造一个出口的地方必须设置“击碎板面”标志。

⑦ 室外消防梯和自行保管的消防梯存放点应设置“逃生梯”标志。

（3）灭火设备标志的设置原则

① 各类建筑中的隐蔽式消防设备存放地点应相应地设置“灭火设备”、“灭火器”和“消防软管卷盘”等标志。远离消防设备存放地点的地方应将灭火设备标志与方向辅助标志联合设置。

② 设有地下消火栓、消防水泵接合器和不易被看到的地上消火栓等消防器具的地方，应设置“地下消火栓”、“地上消火栓”和“消防水泵接合器”等标志。

（4）禁止和警告标志的设置原则

① 在下列区域应相应地设置“禁止烟火”、“禁止吸烟”、“禁止放易燃物”、“禁止燃放鞭炮”、“当心易燃物”、“当心氧化物”和“当心爆炸性物”等标志：

a. 具有甲、乙、丙类火灾危险的生产厂区、厂房等的入口处或防火区内；

b. 具有甲、乙、丙类火灾危险的仓库的入口处或防火区内；

c. 具有甲、乙、丙类液体储罐、堆场等的防火区内；

d. 可燃、助燃气体储罐或罐区与建筑物、堆场的防火区内；

e. 民用建筑中燃油、燃气锅炉房，油浸变压器室，存放、使用化学易燃、易爆物品的商店、作坊、储藏间内及其附近；

f. 甲、乙、丙类液体及其他化学危险物品的运输工具上；

g. 森林和矿山等防火区内。

② 存放遇水爆炸的物质或用水灭火会对周围环境产生危险的地方应设置“禁

止用水灭火”标志。

③ 在旅馆、饭店、商场（店）、影剧院、医院、图书馆、档案馆（室）、候车（船、机）室大厅、车、船、飞机和其他公共场所，有关部门规定禁止吸烟，应设置“禁止吸烟”等标志。

(5) 其他有必要设置消防安全标志的地方设置相应的消防安全标志。

2. 消防安全标志设置要求

(1) 消防安全标志应设在与消防安全有关的醒目的位置。标志的正面或其邻近不得有妨碍公共视读的障碍物。除必需外，标志一般不应设置在门、窗、架等可移动的物体上，也不应设置在经常被其他物体遮挡的地方。设置消防安全标志时，应避免出现标志内容相互矛盾、重复的现象；尽量用最少的标志把必需的信息表达清楚。

(2) 方向辅助标志应设置在公众选择方向的通道处，并按通向目标的最短路线设置。

(3) 设置的消防安全标志，应使大多数观察者的观察角接近 90°。消防安全标志的尺寸由最大观察距离 D 确定。标志的偏移距离 X 应尽量缩小。对于最大观察距离 D 的观察者，偏移角一般不宜大于 5°，最大不应大于 15°。如果受条件限制，无法满足该要求，应适当加大标志的尺寸以满足醒目度的要求。

(4) 在所有有关照明下，标志的颜色应保持不变。

(5) 关于消防安全标志牌的制作材料：疏散标志牌应用不燃材料制作，否则应在其外面加设玻璃或其他不燃透明材料制成的保护罩；其他用途的标志牌其制作材料的燃烧性能应符合使用场所的防火要求；对室内所用的非疏散标志牌，其制作材料的氧指数不得低于 32。

(6) 室内及其出入口的消防安全标志设置要求

① 疏散标志的设置要求

a. 疏散通道中，“安全出口”标志宜设置在通道两侧部及拐弯处的墙面上，标志牌的上边缘距地面不应大于 1m。也可以把标志直接设置在地面上，上面加盖不燃、透明、牢固的保护板。标志的间距不应大于 20m，袋形走道的尽头离标志的距离不应大于 10m。

b. 疏散通道出口处，“安全出口”标志应设置在门框边缘或门的上部。

c. 悬挂在室内大厅处的疏散标志牌的下边缘距地面的高度不应小于 2.0m。

② 附着在室内墙面等地方的其他标志牌，其中心点距地面高度应在1.3～1.5m 之间。

③ 悬挂在室内大厅处的其他标志牌下边缘距地面高度不应小于 2.0m。

④ 在室内及其出入口处，消防安全标志应设置在明亮的地方。消防安全标志中的禁止标志（圆环加斜线）和警告标志（三角形）在日常情况下其表面的最低平均照度不应小于 5lx，最低照度和平均照度之比（照度均匀度）不应小于 0.7。

第二节 安全疏散设施

安全疏散设施是指在建筑发生火灾等安全情况时，及时发出火灾等险情警报，通知、引导人们向安全区域撤离并提供可靠的疏散安全保障条件的硬件设备与途径。包括安全出口、疏散楼梯、疏散（避难）走道、消防电梯、屋顶直升机停机坪、消防应急照明和安全疏散指示标志等。

一、安全出口

安全出口是指直接通向建筑物之外的门或楼层通向楼梯的门。安全出口处不得设置门槛、台阶且疏散门应向外开启，不得采用卷帘门、转门、吊门和侧拉门，门口不得设置门帘、屏门等影响疏散的遮挡物。公共娱乐场所在营业时必须确保安全出口和疏散通道畅通无阻。

根据《建筑设计防火规范》规定，安全出口、房间疏散门的净宽度不应小于0.9m，疏散走道和疏散楼梯的净宽度不应小于1.1m。人员密集的公共场所、观众厅的疏散门不应设置门槛，其净宽度不应小于1.4m。

二、疏散走道与避难走道

1. 疏散走道

疏散走道是指发生火灾时，建筑内人员从火灾现场逃往安全场所的通道。疏散走道的设置应保证逃离火场的人员进入走道后，能顺利地继续通行至楼梯间，到达安全地带。

疏散走道的布置应满足以下要求：

(1) 走道应简捷，并按规定设置疏散指示标志和诱导灯。

(2) 在1.8m高度内不宜设置管道、门垛等突出物，走道中的门应向疏散方向开启。

(3) 尽量避免设置袋形走道。

(4) 疏散走道的宽度应符合表6-6的要求。办公建筑的走道最小净宽应满足表6-7的要求。

表6-6 疏散走道的每百人净宽度 单位：m

建筑层数		耐火等级		
		一、二级	三级	四级
地上楼层	1～2层	0.65	0.75	1.00
	3层	0.75	1.00	—
	≥4层	1.00	1.25	—
地下楼层	与地面出入口地面的高差≤10m	0.75	—	—
	与地面出入口地面的高差>10m	1.00	—	—

表 6-7 办公建筑的走道最小净宽 单位：m

走道长度	走道净宽	
	单面布房	双面布房
≤40	1.30	1.50
>40	1.50	1.80

(5) 疏散走道在防火分区处应设置常开甲级防火门。

2. 避难走道

避难走道是需要设置防烟设施且两侧采用防火墙分隔，用于人员安全通行至室外的走道。

避难走道的设置应符合下列规定：

(1) 走道楼板的耐火极限不应低于 1.50h；

(2) 走道直通地面的出口不应少于 2 个，并应设置在不同方向；当走道仅与一个防火分区相通且该防火分区至少有 1 个直通室外的安全出口时，可设置 1 个直通地面的出口；

(3) 走道的净宽度不应小于任一防火分区通向走道的设计疏散总净宽度；

(4) 走道内部装修材料的燃烧性能应为 A 级；

(5) 防火分区至避难走道入口处应设置防烟前室，前室的使用面积不应小于 $6.0m^2$，开向前室的门应采用甲级防火门，前室开向避难走道的门应采用乙级防火门；

(6) 走道内应设置消火栓、消防应急照明、应急广播和消防专线电话。

三、疏散楼梯与楼梯间

当建筑物发生火灾时，普通电梯没有采取有效的防火防烟措施，且供电中断，一般会停止运行，上部楼层的人员只有通过楼梯才能疏散到建筑物的外边，因此楼梯成为最主要的垂直疏散设施。根据防火要求可分为敞开楼梯间、封闭楼梯间、防烟楼梯间、室外疏散楼梯及剪刀楼梯。

1. 敞开楼梯间

敞开楼梯间是低、多层建筑常用的基本形式，也称普通楼梯间。该楼梯的典型特征是，楼梯与走廊或大厅都是敞开在建筑物内，在发生火灾时不能阻挡烟气进入，而且可能成为向其他楼层蔓延的主要通道。敞开楼梯间安全可靠程度不大，但使用方便、经济，适用于低、多层的居住建筑和公共建筑中。

2. 封闭楼梯间

封闭楼梯间指设有能阻挡烟气的双向弹簧门或乙级防火门的楼梯间，如图 6-3、图 6-4 所示。封闭楼梯间有墙和门与走道分隔，比敞开楼梯间安全。但因其只设有一道门，在火灾情况下人员进行疏散时难以保证不使烟气进入楼梯间，所以对封闭楼梯间的使用范围应加以限制。

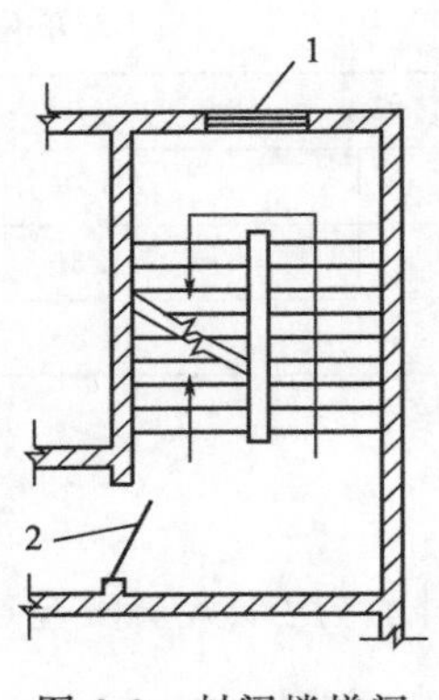

图 6-3　封闭楼梯间

1—窗户；2—门

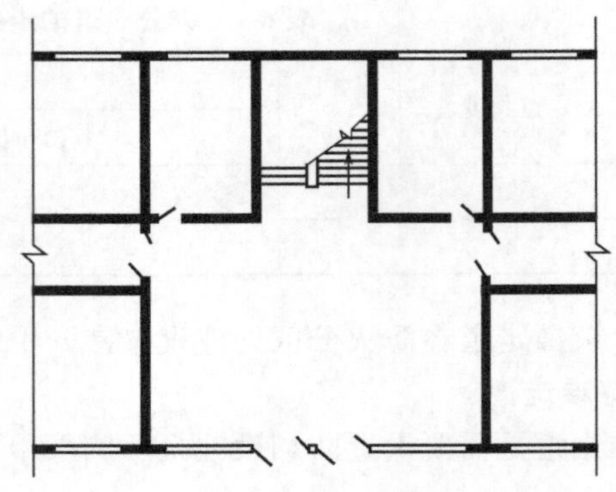

图 6-4　扩大的封闭楼梯间

3. 防烟楼梯间

防烟楼梯间系指在楼梯间入口处设有前室或阳台、凹廊，通向前室、阳台、凹廊和楼梯间的门均为乙级防火门的楼梯间。防烟楼梯间设有两道防火门和防排烟设施，发生火灾时能作为安全疏散通道，是高层建筑中常用的楼梯间形式。如图6-5～图6-7所示。

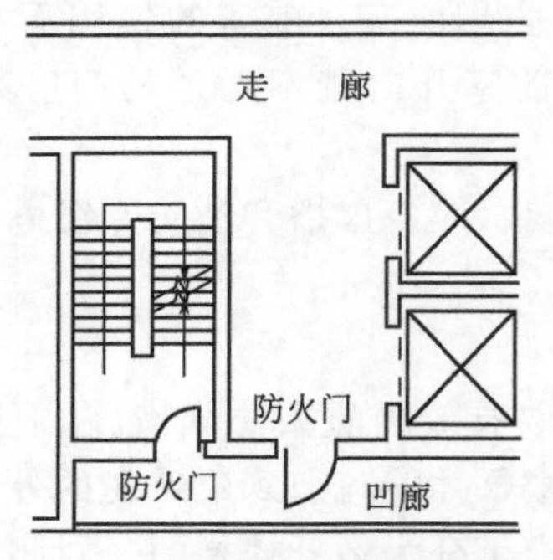

图 6-5　带凹廊的防烟楼梯间

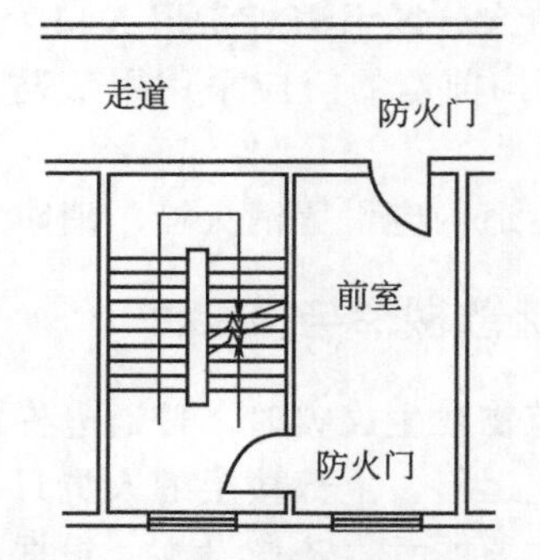

图 6-6　靠外墙的防烟楼梯间

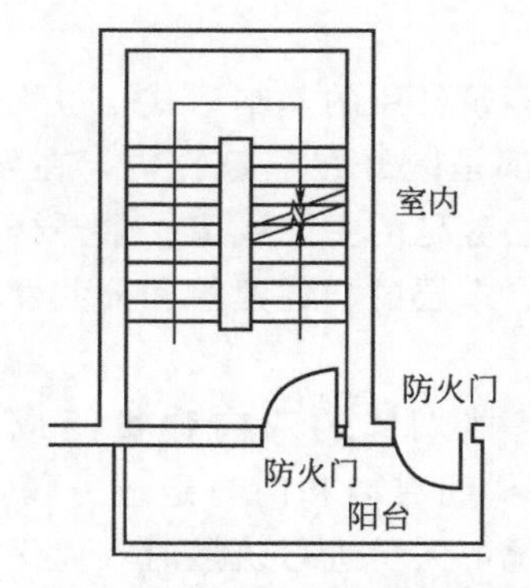

图 6-7　带阳台的防烟楼梯间

4. 室外疏散楼梯

在建筑的外墙上设置全部敞开的室外楼梯，如图 6-8 所示，不易受烟火的威胁，防烟效果和经济性都较好。

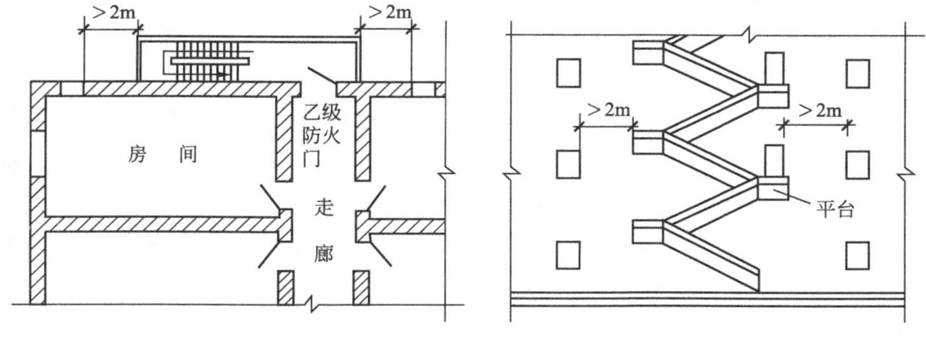

图 6-8　室外疏散楼梯

5. 剪刀楼梯

剪刀楼梯，又名叠合楼梯或套梯，是在同一个楼梯间内设置了一对相互交叉又相互隔绝的疏散楼梯。剪刀楼梯在每层楼层之间的梯段一般为单跑梯段。剪刀楼梯的特点是，同一个楼梯间内设有两部疏散楼梯，并构成两个出口，有利于在较为狭窄的空间内组织双向疏散。

四、避难层（间）

避难层是超高层建筑中专供发生火灾时人员临时避难使用的楼层。如果作为避难使用的只有几个房间，则这几个房间称为避难间。

1. 避难层

建筑高度超过 100m 的公共建筑和住宅建筑应设置避难层。根据目前国内主要配备的 50m 高云梯车的操作要求，规范规定从首层到第一个避难层之间的高度不应大于 50m，以便火灾时可将停留在避难层的人员由云梯车救援下来。结合各种机电设备及管道等所在设备层的布置需要和使用管理以及普通人爬楼梯的体力消耗情况，两个避难层之间的高度不大于 45m。

2. 避难间

建筑高度大于 24m 的病房楼，应在二层及以上各楼层设置避难间。避难间除应符合上述规定外，尚应符合下列规定：

（1）避难间的使用面积应按每个护理单元不小于 25.0m^2 确定；

（2）当电梯前室内有 1 部及以上病床梯兼做消防电梯时，可利用电梯前室作为避难间。

五、应急照明与疏散指示标志

在发生火灾时，为了保证人员的安全疏散以及消防扑救人员的正常工作，必须保持一定的电光源，据此设置的照明总称为火灾应急照明；为防止疏散通道在火灾下骤然变暗就要保证一定的亮度，抑制人们心理上的惊慌，确保疏散安全，以显眼的文字、鲜明的箭头标记指明疏散方向，引导疏散，这种用信号标记的照明，称为疏散指示标志。

六、消防电梯

消防电梯是指具有耐火封闭结构、防烟前室和专用电源，在火灾发生时专供消防队员使用的电梯。发生火灾时，普通电梯会因断电和不具备防烟功能等原因而停止使用，楼梯则成为此时垂直疏散的主要设施。如不设置消防电梯，消防队员将不得不通过爬梯登高，不仅时间长，消耗体力，延误灭火战机，而且救援人流与疏散人流往往冲突，受伤人员也不能及时得到救助，造成不必要的损失。因此，在高层建筑中设置消防电梯十分必要。建筑防火应根据建筑物的性质、重要性和建筑高度、建筑面积等诸因素确定设置消防电梯的部位和数量。

七、直升机停机坪

对于建筑高度大于100m的高层建筑，建筑中部需设置避难层，当建筑某楼层着火导致人员难以向下疏散时，往往需到达上一避难层或屋面等待救援。仅靠消防队员利用云梯车或地面登高施救条件有限，利用直升机营救被困于屋顶的避难者就比较快捷。建筑高度大于100m且标准层建筑面积大于2000m^{2}的公共建筑，其屋顶宜设置直升机停机坪或供直升机救助的设施。

第三节　火场安全疏散

安全疏散是指火灾时建筑物内的人员从各自不同的位置作出迅速反应，通过专门的设施和路线撤离着火区域，到达室外安全区域的行动。

一、安全疏散的原则

(1) 在建筑物内的任一房间或部位，宜同时有两个或两个以上的方向可供疏散。

(2) 疏散路线应力求短捷通畅、安全可靠。避免出现各种人流、物流相互交叉，杜绝出现逆流。

(3) 在建筑物的外墙上宜设置可供人员临时避难使用的室外疏散楼梯和阳台、凹廊或屋顶疏散平台等。

(4) 疏散通道上的防火门，在发生火灾时必须保持自动关闭状态，防止高温烟气通过敞开的防火门向相邻防火分区蔓延，影响人员安全疏散。

(5) 疏散设施安排上要充分考虑人员在火灾条件下的心理状态及行为特点。

二、安全疏散的一般要求

1. 允许疏散时间

允许疏散时间，是指建筑物发生火灾后，能保证处于火灾危险区域的人员全部迅速安全撤离并抵达安全区域所需的时间。一般高层民用建筑的允许疏散时间为5～7min，一、二级耐火等级的民用建筑的允许疏散时间为6min，三、四级耐火等级建筑物的允许疏散时间为2～4min，其中三级耐火等级的影剧院、礼堂建筑撤离观众厅的控制疏散时间为1.5min。

2. 安全疏散距离

安全疏散距离包括两个部分，一是房间内最远点到房门的疏散距离，二是从房门到疏散楼梯间或外部出口的距离。我国规范采用限制安全疏散距离的办法来保证疏散行动时间。

不同建筑物的安全疏散距离也不同，需要看建筑物的使用性质、楼层的实际情况（如单层、多层、高层）、生产的火灾危险性类别及建筑物的耐火等级等。我国《建筑设计防火规范》对不同建筑物的安全疏散距离进行了明确规定，具体分为厂房、仓库安全疏散距离；公共建筑安全疏散距离；住宅建筑安全疏散距离；木结构建筑安全疏散距离。这里以公共建筑的安全疏散距离为例介绍，其他不再赘述。

对于公共建筑而言，直通疏散走道的房间疏散门至最近安全出口的直线距离应符合表6-8的规定。

表6-8 直通疏散走道的房间疏散门至最近安全出口的直线距离 单位：m

<table>
<tr><th colspan="3" rowspan="2">名　　称</th><th colspan="3">位于两个安全出口之间的疏散门</th><th colspan="3">位于袋形走道两侧或尽端的疏散门</th></tr>
<tr><th>一、二级</th><th>三级</th><th>四级</th><th>一、二级</th><th>三级</th><th>四级</th></tr>
<tr><td colspan="3">托儿所、幼儿园、老年人建筑</td><td>25</td><td>20</td><td>15</td><td>20</td><td>15</td><td>10</td></tr>
<tr><td colspan="3">歌舞、娱乐、放映、游艺场所</td><td>25</td><td>20</td><td>15</td><td>9</td><td>—</td><td>—</td></tr>
<tr><td rowspan="3">医疗建筑</td><td colspan="2">单、多层</td><td>35</td><td>30</td><td>25</td><td>20</td><td>15</td><td>10</td></tr>
<tr><td rowspan="2">高层</td><td>病房部分</td><td>24</td><td>—</td><td>—</td><td>12</td><td>—</td><td>—</td></tr>
<tr><td>其他部分</td><td>30</td><td>—</td><td>—</td><td>15</td><td>—</td><td>—</td></tr>
<tr><td rowspan="2">教学建筑</td><td colspan="2">单、多层</td><td>35</td><td>30</td><td>25</td><td>22</td><td>20</td><td>10</td></tr>
<tr><td colspan="2">高层</td><td>30</td><td>—</td><td>—</td><td>15</td><td>—</td><td>—</td></tr>
<tr><td colspan="3">高层旅馆、展览建筑</td><td>30</td><td>—</td><td>—</td><td>15</td><td>—</td><td>—</td></tr>
<tr><td rowspan="2">其他建筑</td><td colspan="2">单、多层</td><td>40</td><td>35</td><td>25</td><td>22</td><td>20</td><td>15</td></tr>
<tr><td colspan="2">高层</td><td>40</td><td>—</td><td>—</td><td>20</td><td>—</td><td>—</td></tr>
</table>

（1）建筑中开向敞开式外廊的房间疏散门至最近安全出口的距离可按表6-8增加5m。

（2）当建筑物内全部设置自动喷水灭火系统时，其安全疏散距离可比规定值增加25%。

(3) 直通疏散走道的房间疏散门至最近敞开楼梯间的直线距离，当房间位于两个楼梯间之间时，应按表 6-8 的规定减少 5m；当房间位于袋形走道两侧或尽端时，应按表 6-8 的规定减少 2m。

(4) 楼梯间应在首层直通室外，确有困难时，可在首层采用扩大的封闭楼梯间或防烟楼梯间前室。当层数不超过 4 层且未采用扩大的封闭楼梯间或防烟楼梯间前室时，可将直通室外的门设置在离楼梯间不大于 15m 处。

(5) 房间内任一点到该房间直通疏散走道的疏散门的直线距离，不应大于表 6-8 中规定的袋形走道两侧或尽端的疏散门至最近安全出口的直线距离。

(6) 一、二级耐火等级建筑内疏散门或安全出口不少于 2 个的观众厅、展览厅、多功能厅、餐厅、营业厅，其室内任一点至最近疏散门或安全出口的直线距离不应大于 30m；当该疏散门不能直通室外地面或疏散楼梯间时，应采用长度不大于 10m 的疏散走道通至最近的安全出口。当该场所设置自动喷水灭火系统时，其安全疏散距离可增加 25%。

3. 疏散宽度指标

安全出口的宽度设计不足，会在出口前出现滞留，延长疏散时间，影响安全疏散。我国现行规范根据允许疏散时间来确定疏散通道的百人宽度指标，从而计算出安全出口的总宽度，即实际需要设计的最小宽度。

(1) 百人宽度指标　百人宽度指标是每百人在允许疏散时间内，以单股人流形式疏散所需的疏散宽度。

$$\text{百人宽度指标}=\frac{N}{A\cdot t}\cdot b \tag{6-1}$$

式中，N 表示疏散人数（即 100 人）；t 表示允许疏散时间，min；A 表示单股人流通行能力（平、坡地面为 43 人/min；阶梯地面为 37 人/min）；b 表示单股人流宽度，0.55～0.60m。

【例 6-1】 已知一、二级耐火等级建筑中观众厅的允许疏散时间为 2min，计算 100 人所需的疏散宽度（即百人宽度指标）。

门和平、坡地面：$\text{百人宽度指标}=\frac{100}{2\times 43}\times 0.55\approx 0.64\text{m}$（取 0.65m）

阶梯地面和楼梯：$\text{百人宽度指标}=\frac{100}{2\times 37}\times 0.55\approx 0.74\text{m}$（取 0.75m）

(2) 疏散宽度　影响疏散宽度的因素很多，如建筑物的使用性质、耐火等级与层数等，不同建筑物的疏散宽度要求也不同，具体分为厂房疏散宽度，高层民用建筑疏散宽度，体育馆疏散宽度，电影院、礼堂、剧场疏散宽度，木结构建筑疏散宽度，其他民用建筑疏散宽度。这里以高层民用建筑的疏散宽度为例介绍，其他不再赘述。

公共建筑内安全出口和疏散门的净宽度不应小于 0.90m，疏散走道和疏散楼梯的净宽度不应小于1.10m。

高层公共建筑内楼梯间的首层疏散门、首层疏散外门和疏散走道及疏散楼梯的最小净宽度应符合表6-9的要求。

表6-9 高层公共建筑内楼梯间的首层疏散门、首层疏散外门和疏散走道及疏散楼梯的最小净宽度　　单位：m

<table>
<tr><th rowspan="2">建筑类别</th><th rowspan="2">楼梯间的首层疏散门、首层疏散外门</th><th colspan="2">走道净宽</th><th rowspan="2">疏散楼梯</th></tr>
<tr><th>单面布房</th><th>双面布房</th></tr>
<tr><td>高层医疗建筑</td><td>1.30</td><td>1.40</td><td>1.50</td><td>1.30</td></tr>
<tr><td>其他高层公共建筑</td><td>1.20</td><td>1.30</td><td>1.40</td><td>1.20</td></tr>
</table>

三、火场疏散引导

火场疏散引导是指在场所发生火灾的情况下，场所工作人员正确引导火灾现场人员向安全区域疏散撤离的言语和行为。

1. 疏散引导的时机

火场上，何时让人们开始疏散撤离，这要取决于火灾规模大小和起火地点（或部位）的远近等具体情况。原则上讲，发生火灾后，应当立即通知现场人员开始进行撤离行动和疏散引导，但对于商场、市场、影剧院及宾馆饭店、公共娱乐场所等人员高度密集的场所火灾，究竟何时开始疏散，则必须综合考虑起火场所或部位、火灾程度、烟气蔓延扩散情况及灭火施救状况等诸多因素，并在短时间内果断做出判定。一般情况下，火场疏散引导时机的判定标准如表6-10所示。

表6-10 火场疏散引导时机判定标准

<table>
<tr><th colspan="2" rowspan="2">火灾状况</th><th colspan="3">着火层</th></tr>
<tr><th>地上二层及以上</th><th>地上一层</th><th>地下层</th></tr>
<tr><td>1</td><td>火灾初起阶段</td><td>疏散着火层及相邻上、下层人员</td><td>疏散着火层、二层及地下各层所有人员</td><td>地上一层及地下各层所有人员</td></tr>
<tr><td>2</td><td>用灭火器不能扑灭或正在用室内消火栓扑救</td><td>疏散着火层及以上楼层人员</td><td colspan="2" rowspan="2">疏散全体人员</td></tr>
<tr><td>3</td><td>用室内消火栓不能扑灭</td><td>疏散着火层及其上、下各层所有人员</td></tr>
</table>

注：不清楚能否灭火的情况即视为不能灭火。

火灾现场负责人负有命令指挥火场实施疏散引导的职责。在疏散引导行动开始的同时，还应积极地组织初起火灾的扑救工作。如果现场工作人员不够时，除非是取用轻便灭火器材即可扑灭的火灾，否则应当优先实施疏散引导撤离行动。

2. 疏散引导的总原则

（1）利用消防控制室火灾应急广播系统按其控制程序发出疏散撤离指令；

（2）优先配置着火层及其相邻上、下层疏散引导员，其位置最好在楼梯出入口和通道拐角；

(3) 普通电梯进出口前应配置疏导人员，以组织撤离人员使用电梯；

(4) 应选择安全的疏散通道，引导人们到达安全地带；

(5) 应及时打开疏散楼梯层的各楼梯出口；

(6) 应首先使用室内外楼梯等既安全且疏散人流量又大的疏散设施进行疏散，如无法使用时，可利用其他方法另行疏散；

(7) 如果着火层在地上二层及以上楼层，应优先疏散着火层及其相邻上、下层人员；

(8) 撤离人员较多时，应采用分流疏散方法，以防拥挤混乱，并优先疏散较大危险场所的人员；

(9) 当楼梯被烟火封锁不能使用时，或短时间内无法将所有火场人员疏散至安全区域时，应将人员暂时疏散至阳台等相对安全的场所，等待消防救援人员的救援；

(10) 火灾时，商场等场所不要拘泥于顾客是否付钱，应立即选择疏散撤离；

(11) 不要让到达安全区域的人员重返火灾现场；

(12) 疏散引导员撤离时，应确认火灾现场已无其他人员，并在撤离时关闭防火门等。

及时正确地疏散引导是火场人员安全逃生的重要环节，也是减少火场人员伤亡的重要举措。每个工作人员只有平时加强消防知识的学习与培训，制定切实可靠的应急疏散预案并经常性演练，才能真正掌握正确的疏散引导方法和技巧，方能在火灾安全情况下将现场人员安全地撤离出危险区域。

第四节　火场逃生自救

逃生是指为了逃脱危险境地，以求保全生命或生存所采取的行为或行动。

一、火场逃生的原则

火场逃生原则基本上可用十六个字来说明，即“确保安全，迅速撤离，顾全大局，救助结合”。

“确保安全，迅速撤离”是指被火灾围困的人员或灭火人员，要抓住有利时机，就近利用一切可利用的工具、物品，想方设法迅速撤离火灾危险区。一个人的正确行为，能够带动更多人的跟随，就会避免一大批人员的伤亡。不要因为抢救个人贵重物品或钱财而贻误逃生良机。这里需要强调的是，如果逃生的通道均被封死时，在无任何安全保障的情况下，不要急于采取过激的行为，以免造成不必要的伤亡。

“顾全大局，救助结合”包含三个方面的含义：①自救与互救相结合。当被困人员较多，特别是有老、弱、病、残、妇女、儿童在场时，要主动、积极地帮助他们首先逃离危险区，有秩序地进行疏散。②自救与扑救相结合。火场是千变万化的，如不扑灭火灾，不及时消除险情，就会造成毁灭性的灾害，带来更多的人员伤亡，给国家造成更大的经济损失。③逃生与救援相结合。当逃生的途径被大火封死后，要注意保护自己，等待救援人员开辟通道，逃离火灾危险区。

二、常见的逃生误区

在突发而来的火灾面前，有的人往往表现出不知所措，常常不假思索就采取逃生行动甚至是错误的行动。下面介绍一些在火灾逃生过程中经常出现的错误行为，防微杜渐，以示警示。

1. 手一捂，冲出门

火场逃生时，许多人尤其是年轻人通常会采取这种错误行为。其错误性表现在两点：一是手并非是良好的烟雾过滤器，不能过滤掉有毒有害烟气。平时在遇到难闻的气味或沙尘天气时，甚至人们常常情不自禁地用手捂住口鼻，以防气味或沙尘侵入，其实作用或效果并不十分明显。因此，火险状态下应采取正确的防烟措施，如用湿毛巾等物捂住口鼻。二是在烟火面前，人的生命非常脆弱。俗话说“水火无情”，亲临烟火时切忌低估其危害性。多数年轻人缺乏消防常识及火灾经验，认为自己身强力壮，动作敏捷，不采取任何防护措施冲出烟火区域也不会有很大危险。但诸多火灾案例表明，人在烟火中奔跑二、三步就会吸烟晕倒，为数不少的人跟“生”就差一步之遥，可这一步就是生与死的分界线。因此，千万不要低估烟火的危害而高估自己的能力。

2. 抢时间，乘电梯

面临火灾，人们的第一反应应是争分夺秒地迅速离开火场。但许多人首先会想到搭乘普通电梯逃生，因为电梯迅速快捷，省时省力。其实这完全是一种错误的行为，其理由有六：

(1) 电梯的动力是电源，而火灾时所采取的安全措施之一是切断电源，即使电源照常，电梯的供电系统也极易出现故障而使电梯卡壳停运，处于上下不能的困境，其内人员无法逃生、无法自救，极易受烟熏火烤而伤亡。

(2) 电梯井道好似一个高耸庞大的烟囱，其“烟囱效应”的强大抽拔力会使烟火迅速蔓延扩散至整个楼层，使电梯轿厢变形，行进受阻。

(3) 电梯轿厢在井道内的运动，使空气受到挤压而产生气流压力变化，且空气流动越快，产生的负压就越大，从而火势就越大。因此，火灾中行驶的普通电梯自身难保，切忌乘坐。

(4) 电梯轿厢内的装修材料有的具有可燃性，热烟火的烘烤不仅会使轿厢金属外壳变形，而且会引起内部装饰燃烧炭化，对逃生人员构成危险。

(5) 一般电梯停靠某处时，其余楼层的电梯门都是联动关闭，外界难以实施灭火救援。即便强行打开，恰好又为火灾补充了新鲜空气，拓展了烟火蔓延扩散的渠道。

(6) 电梯运载能力有限，一般一部普通客梯承载能力在800～1000kg（约10～

13人)。公共场所人员密集，一旦失火时惊慌的人群涌入其内更易造成混乱，因而会耽误安全逃生的最佳时机。

3. 寻亲友，共同逃

遭遇火灾时，有些人会想着在自己逃生之前先去寻找自己的家人、孩子及亲朋好友一起逃生，其实这也是一种不可取的错误行为。倘若亲友在眼前，则可一起逃生；倘若亲友不在近处，则不必到处寻找，否则会浪费宝贵的逃生时间，结果谁也逃不出。明智的做法是各自逃生，待到安全区域时再行寻找，或请求救援人员帮助寻找营救。

4. 不变通，走原路

火场上另一种错误的逃生行为就是沿进入建筑物内的路线、出入口逃离火灾危险区域，这是火场被困人员习惯心理反应的一种具体行为。这是因为人们身处一个陌生境地，没有养成一个首先熟悉建筑内部布局及安全疏散路径、出口的良好习惯所致。一旦失火，人们就下意识地沿着进入时的出入口和通道进行逃生，只有当该条路径被烟火封堵时，才被迫寻找其他逃生路径，然而此时火灾已经扩散蔓延，人们难以逃离脱身。因此，每当人们进入陌生环境时，首先要了解、熟悉周围环境、安全通道及安全出口，做到防患于未然。

5. 不自信，盲跟从

盲目跟随是火场被困人员从众心理反应的一种具体行为。处于火险中的人们由于惊慌失措往往会失去正常的思维判断能力，总认为他人的判断是正确的，因而第一反应会本能地盲目跟从他人奔跑逃命。该行为还通常表现为跳楼、跳窗和躲藏于卫生间、角落等现象，而不是积极主动寻找出路。因此，只有平时强化消防知识的学习和消防技能的训练，树立自信心，方能临危或处危不乱不惊。

6. 向光亮，盼希望

向光亮处逃生是火场被困人员向光心理反应的一种具体行为。一般而言，光、亮意味着生存的希望，它能为逃生者指明方向，避免瞎摸乱撞而更便于逃生。但在火场上，会因失火而切断电源或因短路、跳闸等造成电路故障而失去照明，或许有光亮之处恰是火魔逞强之地。因此，黑暗之下，只有按照疏散指标引导的方向逃向太平门、疏散楼梯间及疏散通道才是正确可取的办法。

7. 急跳楼，行捷径

火场中，当发现选择的逃生路径错误或已被大火烟雾围堵，且火势越来越大、烟雾越来越浓时，人们往往很容易失去理智而选择跳楼等不明智之举。其实，与其要采取这种冒险行为，还不如稳定情绪，冷静思考，另谋生路，或采取防护措施，固守待援。只要有一线生机，切忌盲目跳楼求生。

三、火场逃生自救方法

在火灾危险情况下能否安全自救，固然与起火时间、火势大小、建筑物结构形式、建筑物内有无消防设施等因素有关，但还要看被大火围困的人员在灾难到来之时有没有选择正确的自救逃生方法。“水火无情”，许多人由于缺乏在火灾中积极逃生自救的知识而被火魔夺去了生命，一些人也因丧失理智的行动加速了死亡。反之，只要具有冷静的头脑和火场自救逃生的科学知识，生命就能够得到安全保障。

1. 保持冷静

在火灾突然发生的情况下，由于烟气及火的出现，高温的灼烤，场面混乱，多数人因此心理恐慌，这是人最致命的弱点，不同的人在事故中则会表现出不同的反映。陷入灾难的人可以分为三类：10%～15%的人能够保持冷静并且动作迅速有效；另有15%或者更少的人会哭泣、尖叫甚至阻碍逃生。剩下占多数的人则是完全惊呆，脑子一片空白。当人们处于冷静状态的时候，大脑一般需要8～10s的时间处理一段新信息，而压力越大，所花费的时间就越长。

【案例6-1】 在某市的一高层建筑火灾中，部分人员已从着火的楼层下到一层，本已脱离危险，然而，由于一人发现楼道外门打不开，便折身上楼，其他人竟也跟上楼，被火逼下后，门不开，又上楼，如此折腾，最后大部分人罹难。其实只要转身通过一层楼道水平逃向大厅便可脱险。

【案例6-2】 1994年11月27日某歌舞厅发生特大火灾，233人死于非命。某选煤工厂工人在舞厅的另一侧，当惊慌夺路的人群挤成一团时，他保持着冷静、没有乱跑，看见有人打开南面疏散门出去，也随着几步，逃到了外面，他只有面部的额头和鼻子受到轻度烧伤。

因此，突遇火灾，面对浓烟和烈火，首先要强令自己保持镇静，保持清醒的头脑，不要惊慌失措，快速判明危险地点和安全地点，决定逃生的路线和办法，一定不要盲目地跟从人流相互拥挤、乱冲乱撞。逃生前宁可多用几秒的时间考虑一下自己的处境及火势发展的情况，再尽快采取正确的脱身措施。

2. 熟悉环境

熟悉环境就是要了解和熟悉我们经常或临时所处建筑物的消防安全环境。平时要有危机意识，对经常工作或居住的建筑物，哪怕对环境已很熟悉，也不能麻痹大意，在事先都应制订较为详细的火灾逃生计划，对确定的逃生出口（可选择门窗、阳台、安全出口、室内防烟或封闭楼梯、室外楼梯等）、路线（应明确每一条逃生路线及逃生后的集合地点）和方法要让家庭、单位所有的人员都熟悉掌握并加以必要的逃生训练和演练。

【案例6-3】 1985年4月18日深夜，某宾馆发生特大火灾，起火的楼层住着一位日本客人。他在18日住进11层时，进房前先在门口查看了周围的环境，发现北边有亮光，认定那是疏散出口。当天夜里失火后，他出了房门穿过烟雾弥漫的过廊，直往北摸去，打开走廊北端的门，见是一阳台便顺着阳台和两边墙壁间的“U”形条缝滑到10层，得以死里逃生。这就是日本客人事先熟悉环境的益处。

我国的消防法律法规也明确规定，单位应制定灭火和应急疏散预案，并至少每半年进行一次演练（对消防安全重点单位）或至少每年组织一次演练（对非消防安全重点单位）；单位应当通过多种形式开展经常性的消防安全培训教育。消防安全重点单位对每名员工应当至少每年进行一次消防安全培训，学校、幼儿园应当通过寓教于乐等多种形式进行消防安全常识教育。

3. 迅速撤离

意识到火灾发生的人们习惯于认为火灾严重性并不大，而且会花一些时间去寻求证实火灾的严重性。证实之后，人们依然要救护自己的同伴、亲友、子女或寻找财物。但火场逃生是争分夺秒的行动，一旦听到火灾警报或意识到自己被烟火围困时，或者出现如突然停电等异常情况时，千万不要迟疑，动作越快越好，切不要为穿衣服或贪恋财物延误逃生良机，要树立时间就是生命、逃生第一的思想，没有什么比生命更宝贵。

【案例 6-4】 2004 年 7 月 28 日某皮革有限公司发生火灾，死亡 18 人、重伤 12 人。当时许多工人正在三楼干活，突然停电，大家都以为是换电，过一会电就会来了，就都坐在那里等。直到靠近楼梯口的人闻到了皮革燃烧后的味道，才知道着火了，此时浓烟已经逼近三楼，无法逃生了。

【案例 6-5】 1999 年 11 月 12 日，一场大火将某地火车站候车大楼全部烧毁。在火灾中有一人死亡，其本来已逃出火场到达室外广场安全区域，但为了拿卖报纸的钱，他重返火场，最终葬身火海。

美国消防人员曾作过一次模拟测试：点燃一只废纸篓后，大约 2min 火灾感烟探测器报警，约 3min 起火房间达到致人死亡的温度，同时楼内充满有毒气体；约 4min 楼内走道便被烟火封堵而彻底无法通行。试验结论是：除去未及时发现起火等原因耽误的时间外，真正留给人们逃生的时间仅仅有 1～2min，根本由不得穿衣和寻找、携带财物，也根本由不得从容不迫。

【案例 6-6】 2005 年 12 月 25 日晚 11 时左右，某西餐厅酒吧发生火灾，报警后 3min 消防车到达火场，5min 后火被扑灭，救援速度很快，整个过程仅有 10min，但却造成 26 人死亡。

楼房着火时，应根据火势情况，优先选用最便捷、最安全的通道和疏散设施逃生。如首选更为安全可靠的防烟楼梯、封闭楼梯、室外疏散楼梯等。如果以上通道被烟火封堵，又无其他器材逃生时，则可考虑利用建筑的阳台、窗口、屋顶平台、落水管等脱险。但应查看落水管等是否牢固，防止人体攀附后断裂脱落造成伤亡。

另外，火场逃生时，不要向狭窄的角落退避，如墙角、桌子底下、大衣柜里等。因为这些地方可燃物多，且容易聚集烟气。

4. 标志引导

在现代建筑物内，一般均设有比较明显的安全逃生标志。如在公共场所的墙壁、顶棚、门顶、走道及其转弯处，都设置有“安全出口”、“安全通道”、逃生方向箭头等疏散指示标志，被困人员看到这些标志时，即可按照标志指示的方向寻找逃生路径，进入安全疏散通道，迅速撤离火场。

5. 有序疏散

在人员逃生过程中，极易出现拥挤、聚堆甚至倾倒践踏的现象，造成通道堵塞而酿成群死群伤的悲剧。相互拥挤、践踏，既不利于自己逃生，也不利于他人逃生。因此，火场中的人员应采取一种自觉自愿、有组织的救助疏散行为，做到有秩序地快速撤离火场。疏散时最好应有现场指挥或引导员的指引。

互相救助是指处于火灾困境的人员积极帮助他人脱离险境的行为。发生火灾时，应先叫醒熟睡的人，不要只顾自己逃生，并且尽量大声喊叫，以提醒其他人逃生。在逃生时，如果看见前面的人倒下去了，应立即扶起，对拥挤的人应给予疏导或选择其他疏散方法予以分流，减轻单一疏散通道的压力，竭尽全力保持疏散通道畅通，以最大限度地减少人员伤亡。

【案例 6-7】 2005 年 6 月 10 日某宾馆发生特大火灾造成 31 人死亡。阿美在宾馆二楼 KTV 上班。死里逃生的她向记者介绍："我们住在宾馆的四楼。起火时我们很多姐妹都在房间里睡觉，客房的服务员也没有通知我们。还是一个在宾馆外面的朋友打电话告诉我的，但当我打开房门时，满楼道里都是烟了。我们很多人都来不急穿衣服就往外逃！"据阿美介绍，当时她们的房间睡着 12 个女孩，最后逃出 6 个人。宾馆二楼 KTV 上班的女孩共有 100 多名，她们多数都在夜间上班，白天则睡在宾馆内。火灾发生时，她们多数人都在房间里睡觉。阿美说："如果客房的服务员早给我们打个电话，死的人肯定会少很多！"

6. 注意保护

火灾的受害者大部分是因有毒有害气体窒息而死。因此，烟雾可以说是火灾第一杀手，如何防烟是逃生自救的关键。研究表明，烟雾的主要成分是游离碳、干馏物粒子、高沸点物质的凝缩液滴，还有氰化氢、一氧化碳、二氧化碳等有毒有害气体，火灾中的烟雾不仅妨碍了人们从火灾中逃生，还会对人的呼吸系统造成损伤，严重威胁人们的生命健康。例如火灾中产生的一氧化碳在空气中的含量达 1.28% 时，人在 3min 内即可窒息死亡，一氧化碳在空气中的含量达 3%时，人只需吸入几口就可以致命；二氧化碳在空气中的含量达 10%时，也会很快致人死亡。研究者指出：在一个关上门窗的房间里，一只枕头燃烧所发生的烟气量就足以让一个壮汉死于非命——如果他醉酒、沉睡或不知所措的话。

而现代建筑，无论是家居还是宾馆、饭店、商场，人们总喜欢装饰豪华，但几乎所有装潢材料，诸如塑料壁纸、化纤地毯、聚苯乙烯泡沫板、人造宝丽板等均为易燃物品，而且这些高分子化学装饰材料一旦燃烧，就散发出大量有毒气体，并随着浓烟沿走廊蔓延，通过楼梯、电梯井道、垃圾道、电缆竖井等，形成"烟囱效应"，迅速蔓延至楼上各层。

【案例 6-8】 1987 年 3 月 21 日，某眼镜厂失火，这是一幢车间、仓库、住处混在一起的 3 层建筑。人们从烟火中奋力抢救出 6 名女子，她们没有严重外伤，但一个个神志不清。送到医院后，6 名姑娘中有 5 人因赛璐珞等物燃烧生成的一氧化碳中毒过重死亡，幸存的一名陈姓姑娘，也成了什么都不知道、只会用无神双目呆望天花板的人。

火场逃生时，逃生者多数要经过充满浓烟的走廊、楼梯间才能离开危险区域。

因此，逃生过程中应采取正确有效的防烟措施和方法。通常的做法有：把毛巾浸湿，叠起来捂住口鼻。无水时，干毛巾也行，身边没有毛巾，餐巾、口罩、帽子、衣服也可以替代。要多叠几层，将口鼻捂严。穿越烟雾区时，即使感到呼吸困难，也不能将毛巾从口鼻上拿开，否则就有立即中毒的危险。

实验表明，一条普通的毛巾如被折叠了16层，烟雾消除率可达90%以上，考虑到实用，一条普通毛巾如被折叠了8层，烟雾的消除率也可达到60%，在这种情况下，人在充满强烈刺激性烟雾的15m长的走廊里缓慢行走，一般没有烟雾强烈刺激性感觉。同时，湿毛巾在消除烟雾和刺激物质方面比干毛巾更为优越实用，但注意毛巾过湿会使呼吸力增大，造成呼吸困难，因此毛巾含水量通常应控制在毛巾本身重量的3倍以下为宜。

【案例6-9】 2007年3月13日晚9时许，某家属楼一居民房起火，独自一人在家睡觉的6岁儿童听到噼里啪啦的响声，从睡梦中惊醒，发现满屋子都是烟雾还闪着阵阵火光，马上意识到起火了，忙拖起一床毛巾毯跳下床，并且用毛巾捂住口鼻，朝房门口冲去，并大声哭喊“起火啦、救火”。事后，人们问起孩子怎么知道用毛巾捂鼻子、嘴巴逃生。他说：“我在电视上看见过消防演习里面的人就是这样逃生的。”

从浓烟弥漫的通道逃生时，除用毛巾捂住口鼻外，还可向头部、身上浇凉水，或用湿衣服、湿床单、湿毛毯等将身体裹好，低姿势行进或匍匐爬行穿过险区。如果房内有防毒面罩，逃生时一定要将其戴在头上。因为烟雾较空气轻，一般离地面约50cm处的空间内仍有残存空气可以利用呼吸，因此，可采取低姿势（如匍匐或弯腰）逃生，爬行时应将手心、手肘、膝盖紧靠地面，并沿墙壁边缘逃生，以免迷失方向。火场逃生过程中，要尽可能一路关闭背后的门，以便降低火和浓烟的蔓延速度。

7. 借助器材

当通道全部被浓烟烈火封锁时，可利用结实的绳子拴在牢固的暖气管道、窗框、床架上，顺绳索沿墙缓慢滑到地面或下个楼层而脱离险境。如没有绳子也可将窗帘、床单、被褥、衣服等撕成条，拧成绳，用水浸湿。或利用其他逃生避难器材，如逃生缓降器、逃生滑道等（详见第七章建筑火灾的逃生避难器材）。如无其他救生器材，可考虑利用建筑的阳台、屋顶、落水管等脱险，可通过窗户或阳台逃向相邻建筑物或寻找没着火的房间。

【案例6-10】 某制衣厂因车间电路短路造成火灾，大火和浓烟将16名员工堵在了三楼办公室中，这些员工却从容不迫地接好布条绑在办公室桌子和空调架上，垂落到地面，然后一个个顺着布条滑至地面逃过了这场劫难。

【案例6-11】 2004年7月28日，一皮革有限公司发生火灾，死亡18人、重伤12人。当时在三楼上班的黄某，在浓烟逼来、无处逃生的情况下，做出了一个正确的决定，她看到窗口有根塑料管，手抓着塑料管滑了下来，除了脚被划伤，身上并没有烧伤。

8. 暂时避难

避难间或避难场所是为了救生而开辟的临时性避难的地方，因火场情况不断发展，瞬息万变，避难场所也不可能永远绝对安全。因此不要在有可能疏散逃生的条件下不疏散逃生而创造避难间避难，从而失去逃生的时机。避难间应选择在有水源及能便于与外界联系的房间，一方面，水源能降温、灭火、消烟，利于避难人员生存；另一方面又能与外界联系及时获救。

在无路可逃的情况下，应积极寻找避难处所，如到阳台、楼顶等处等待救援，或选择火势、烟雾难以蔓延的房间暂时避难。当实在无法逃离时便应退回室内，设法营造一个临时避难间暂避。

【案例 6-12】 1994 年 12 月 8 日，某友谊馆发生火灾，大厅断电，疏散逃生过程无组织、无秩序，局势混乱，人员拥挤，造成 325 人葬身火海。有一位 10 岁的小男孩看到舞台上方的纱幕起火后，立即拉起比自己小 4 个月的表妹跑往通道，钻进厕所，结果大难不死。当事后人们问起他时，他说看过电视里的消防知识竞赛，火灾发生时厕所里没有易燃物，火势无法蔓延因而就相对安全。

如果烟味很浓，房门已经烫手，说明大火已经封门，再不能开门逃生。正确的办法应是关紧房间临近火势的门窗，打开背火方向的门窗，但不要打碎玻璃，当窗外有烟进来时，要立刻把窗子关上。将门窗缝隙或其他孔洞用湿毛巾、床单等堵住或挂上湿棉被、湿毛毯、湿麻袋等难燃物品，防止烟火入侵，并不断地向迎火的门窗及遮挡物上洒水降温，同时要淋湿房间内的一切可燃物，也可以把淋湿的棉被、毛毯等披在身上。如烟已进入室内，要用湿毛巾等捂住口鼻。

【案例 6-13】 1983 年 4 月 17 日，某地发生一起罕见的特大火灾，持续 11h，延烧 5 条街，烧死烧伤几十人，过火处的居民楼大多化为瓦砾废墟，但其中有一户人家幸免于难。当时他们发现烟火已封住楼梯，立即就行动起来，先是紧闭门窗，防止烟气窜入，然后把被褥、棉衣等物洒上水，蒙在木门上，随后便不断往上泼水，最后把鱼缸里的水都用上了，结果大门始终未被高温烟火引燃烧穿，顶住了烟火的进攻。时至夜间火势减弱时，他们打开手电筒向楼外呼救，被消防队员救出，最终保住了性命和家产。

在被烟火围困时，被困人员应积极主动与外界联系，呼救待援。如房间有电话、对讲机、手机等通信工具，要利用其及时报警。如没有这些通信设备，则白天可用各色的旗帜或衣物摇晃，或向外投掷物品，夜间可摇晃点着的打火机、划火柴、打手电向外报警示意。

【案例 6-14】 1997 年 1 月 29 日，某酒家发生火灾，致 39 人死亡。火灾中一些旅客凭借自己掌握的消防常识，战胜了死亡的威胁。住在酒家某房间的两位客人发现起火后想冲出房间，却发现烟火早已将通道封死，马上返回房间内，将门关好，并用水打湿被子，堵住了房门，防止了烟火的侵入，然后在窗口发出求救信号。

在因烟气窒息失去自救能力时，应努力爬滚到墙边或门边躲避，一是便于消防人员寻找、营救，因为消防人员进入室内通常都是沿着墙壁摸索前行的；二是也可防止房屋塌落时掉落物体砸伤身体。

第五节 不同场所的火灾逃生方法

一、商场火灾

商场，是指向社会供应生产和生活所需的各类商品的交易场所，主要是室内百货商场（店）、商业大楼、贸易中心、购物中心、商城。由于商场装饰豪华、易燃物品多，顾客络绎不绝、人员密度大，一旦发生火灾，后果就十分严重。如唐山林西百货大楼火灾、郑州天然商厦火灾、北京隆福大厦火灾、沈阳商业城火灾等已发生过的多起商场火灾事故，都造成了巨大的经济损失，有的甚至造成了严重的人员伤亡。

1. 商场火灾的特点

（1）竖向蔓延途径多，易形成立体火灾　商场营业厅的建筑面积一般都较大，且大多设有自动扶梯、敞开楼梯、电梯等，尤其是高层建筑内的商场设有各种用途和功能的竖井通道，使得商场层层相通，一旦失火且火势发展到一定阶段时，靠近火源的橱窗玻璃破碎，高温烟气从自动扶梯、敞开楼梯、电梯、外墙窗户口及各种竖井道垂直向上很快蔓延扩大，引燃可燃商品及户外可燃装饰或广告牌等，并加热空调通风等金属管道。而上层火势威胁下层的主要途径有：一是上下层连通部位掉落下来的燃烧物引燃下层商品，二是由于金属管道过热引起下层商品燃烧。这样建筑的上与下、内与外一起燃烧，极易形成立体火灾。

（2）中庭等共享空间易造成火灾迅速蔓延，形成大面积火灾　由于经营理念、功能要求、规模大小、空间特点及交通组织的不同，商场的建筑形式也多样复杂。营业面积较大的商场，大多设有中庭等共享空间，而这就进一步增大了设置商场防火划分区的难度，使得火灾容易蔓延扩大，形成大面积火灾。如某大型商业城，建筑地上6层、地下2层，总建筑面积达69189m^2，其中庭45m×26m，1996年4月2日发生火灾时，防火卷帘故障，未能有效降落，致使火灾迅速蔓延扩大，27个防火分区形同虚设。

（3）可燃商品多，易造成重大经济损失　商场经营的商品，除极少部分商品的火灾危险性为丁、戊类外，大多是火灾危险性为丙类的可燃物品，还有一些商品，如指甲油、摩丝、发胶和丁烷气（打火机用）等，其火灾危险性均为甲、乙类的易燃易爆物品。开架售货方式又使可燃物品的表面积大大超过任何场所，失火时就大大增加了蔓延的可能性。

商场按规模大小都相应地设有一定面积的仓储空间。由于商品周转很快，除了供顾客选购的商品陈设在货架、柜台内外，往往在每个柜台的后面还设有小仓库，甚至连疏散通道上都堆积商品，形成了“前店后库”、“前柜后库”，甚至“以店代库”的格局，一旦失火，会造成严重损失。某商业城的地下二层就是商品库房，火灾当天货存价值达1180万元，火灾共造成直接经济损失高达5529.2万元。

(4) 人员密集，易造成重大伤亡 营业期间的商场顾客很多，是我国公共场所中人员密度最大及流动量最大的场所之一。一些大型商场，每天的人流量高达数十万人，高峰时可达每平方米5人左右，超出影剧院、体育馆等公共场所好几倍。在营业期间如果发生火灾，极易造成人员重大伤亡。如1993年2月14日13时15分，某地一百货大楼（三层，总建筑面积2980m^2）在营业期间因违章电焊引发火灾，造成80人死亡、54人受伤的恶性火灾事故。对于地下商场而言，在顾客流量相同的情况下，其人员密度远大于地上商场，加之地下商场的安全出口、疏散通道数量、宽度由于受人防工程的局限又小于地上商场，同时缺乏自然采光和通风，疏散难度大，极易发生挤死踩伤人员的伤亡事故；由于建筑空间相对封闭，有毒烟气会充满整个商场，极易导致人员中毒窒息死亡。

(5) 用火、用电设备多，致灾因素多 商场顶、柱、墙上的照明灯、装饰灯，大多采用埋入方式安装，数量众多，埋下了诸多火灾隐患。商场内和商品橱窗内大量安装广告霓虹灯和灯箱，霓虹灯的变压器具有较大的火灾危险性。商品橱窗和柜台内安装的照明灯具，尤其是各种射灯，其表面温度较高，足以烤燃可燃物。商场经营照明器材和家用电器的经销商，为了测试的需要，还拉接有临时的电源插座。没有空调的商场，夏季还大量使用电风扇降温。有些商场还附设有服装加工部，家用电器维修部，钟表、照相机、眼镜等修理部，这些部位常常需要使用电熨斗、电烙铁等加热器具。这些照明、电气设备品种繁多，线路错综复杂，加上每天营业时间较长，如果设计、安装、使用不当，极易引起火灾。

(6) 扑救难度极大 商场一般位于繁华商业区，交通拥挤，人流交织，临近建筑多，甚至商场周边搭建遮阳篷，占用了消防车通道和防火间距；林立的广告牌和各种电缆电线分割占据了登高消防车的扑救作业面，妨碍消防车的使用操作。并且由于商场内可燃物多，空间大，一旦发生火灾，蔓延极快；加之浓烟和高温，使消防人员侦察火情困难，难以迅速扑灭火灾；另外，顾客向外疏散，消防人员逆方向进入抢救和疏散人员也都较为困难。

2. 商场火灾的逃生方法

(1) 熟悉安全出口和疏散楼梯位置 进入商场购物时，首先要做的事情应是熟悉并确认安全出口和疏散楼梯的位置，不要把注意力首先集中到琳琅满目的商品上，而应环顾周围环境，寻找疏散楼梯、疏散通道及疏散出口位置，并且牢记。如果没有提前熟悉并确认，那么千万不要惊慌，应积极地按照安全疏散标志指示的方向逃生，直至寻找到安全出口。如果商场较大，一时找不到安全出口及疏散楼梯时，应当询问商场内的工作人员。这样相当于为火灾时成功逃生准备了一堂预备课。另外，火灾现场疏散时，一定不能乘坐普通电梯或自动扶梯，而应从疏散楼道进行逃生。因为火灾时会切断电源而使普通电梯停运，同时火灾产生的高热会使普通电梯系统出现异常。

(2) 秩序井然地疏散逃生 惊慌是火灾逃生时的一个可怕而又不可取的行为，

是火场逃生时的障碍。由于商场是人员密集场所，惊慌只会引起其他人员的更加惊慌，造成逃生现场的一片混乱，进而导致拥挤、摔倒、踩踏，使疏散通道、安全出口严重堵塞，人员伤亡。因此，无论火灾多么严峻，都应当保持沉着冷静，一定要做到有序撤出。在楼梯等候疏散时切忌你推我挤，争先恐后，以免后面的人把前面的人挤倒，而其他的人顺势而倒，这是极其危险的。

(3) 自制救生器材逃生　商场中商品种类繁多、高度集中，火场逃生时可利用的物资相对较多，如衣服、毛巾、口罩等织物浸湿后可以用来防烟，绳索、床单、布匹、窗帘及五金柜台的各种机用皮带、消防水带、电缆线等可制成逃生工具，各种劳保用品，如安全帽、摩托车头盔、工作服等可用来避免烧伤或坠落物的砸伤。

(4) 充分利用各种建筑物附属设施逃生　火灾时，还可充分利用建筑物外的落水管、房屋内外的突出部分和各种门、窗及建筑物的避雷网（线）等附属设施进行逃生，或转移到安全楼层、安全区域再寻找机会逃生。这种方法仅是一种辅助逃生方法，利用时既要大胆，又要心细，尤其是老、弱、病、残、孕及幼儿要慎用，切不可盲目行事。

(5) 切记注意防烟　商场火灾时，由于其内商品大多为可燃物，火势蔓延快，生成的烟量大，因此，人员在逃生时一定要采取防烟措施，并尽量采取低行姿势，以免烟气进入呼吸道。在逃生时，如果烟浓且感到呼吸困难时，可贴近墙边爬行。倘若在楼梯道内，则可采取头朝上、脚向下、脸贴近楼梯两台阶之间的直角处的姿势向下爬，如此可呼吸到较为新鲜的空气，有助于安全逃生。

(6) 寻求避难场所　在确实无路可逃的情况下，应积极寻求如室外阳台、楼顶平台等避难处等待救援；选择火势、烟雾难以蔓延到的房间关好门窗，堵塞缝隙，或利用房内水源将门窗和各种可燃物浇湿，以阻止或减缓火势、烟雾的蔓延。不管是白天还是晚上，被困者都应大声疾呼，不间断地发出各种呼救信号，以引起救援人员的注意，脱离险境。

(7) 切忌重返火场　逃离火场的人员千万应记住，不要因为贪恋财物或寻找亲朋好友而重返火场，而应告诉消防救援人员，请求帮助寻找救援。

(8) 发现火情应立即报警　在大型商场，如果发现电线打火、垃圾桶冒烟等异常情况，应立即通知附近工作人员，并立刻报火警，不要因延误报警而使小火形成大灾，造成重大损失。

二、公共娱乐场所

根据《公共娱乐场所消防安全管理规定》，公共娱乐场所是指具有文化娱乐、健身休闲功能并向公众开放的下列室内场所：

(1) 影剧院、录像厅、礼堂等演出、放映场所；

(2) 舞厅、卡拉 OK 厅等歌舞娱乐场所；

(3) 具有娱乐功能的夜总会、音乐茶座和餐饮场所；

(4) 游艺、游乐场所；

(5) 保龄球馆、旱冰场、桑拿浴室等营业性健身、休闲场所。

这些场所的特点是建筑功能复杂多样、社会性强、人员密集，一旦发生火灾，易造成重大人员伤亡和重大财产损失。

1. 公共娱乐场所火灾的特点

(1) 可燃、易燃材料多，燃烧猛烈 公共娱乐场所的内部装修大多使用如木质多层板、木质墙裙、纤维板、各种塑料制品、化纤装饰布、化纤地毯等可燃、易燃材料，室内家具等也多为可燃、易燃材料所制，火灾荷载大。有的影剧院、礼堂的屋顶建筑构件是木质或钢结构，舞台幕布和木地板是可燃的；为了满足声学设计的音响效果，观众厅、KTV 的天花板及墙面大多采用可燃、易燃材料；歌舞厅、KTV、夜总会等场所为了招引顾客，装潢豪华，采用大量可燃、易燃装修材料。一旦发生火灾，若初起阶段不能有效控制住，燃烧便会迅猛发展，火势难以控制。

(2) 用电设备多、着火源多 公共娱乐场所一般采用多种照明和各类音响设备，且数量多、功率大，如果使用不当，很容易造成局部过载、短路等而引起火灾。有的灯具表面温度很高，如碘钨灯具的石英玻璃管表面温度可达 500～700℃，若与幕布、背景等可燃物靠近极易引起火灾。同时，公共娱乐场所由于用电设备多，连接的电器设备、线路也多，大多数影剧院、礼堂等观众厅的闷顶和舞台线路纵横交错，倘若安装不当、使用不当，很容易引起火灾。公共娱乐场所在营业时，往往还需要各类明火或热源，如果管理不当也会引起火灾。

(3) 火灾发现晚，报警迟 娱乐场所是以盈利为目的，为了迎合消费者、招揽生意，服务人员一般不会对消费者的行为进行过多的干涉，再加上娱乐场所的秩序较为混乱，人们的警惕性也较低，这种情况下，火灾的发现往往容易滞后，延迟报警时间。

(4) 人员集中，疏散困难 歌舞厅、KTV 等娱乐场所不同于影剧院，客流量大，随意性大，高峰时期人员密度大，加之灯光暗淡，一旦发生火灾，人员拥挤，秩序混乱，如果疏散通道不畅，尤其是利用陈旧建筑改建或扩建的歌舞厅，因受条件限制，疏散通道、安全出口的数量和宽度达不到消防技术规范的要求，给人员疏散带来困难，极易造成人员大量伤亡。

(5) 火灾蔓延快，扑救困难 公共娱乐场所的歌舞厅、影剧院、礼堂等发生火灾，由于建筑跨度大，有的处于垂直或悬挂状态，空间巨大，空气流通，加之采用大量的可燃物料和可燃设备，一旦发生火灾，火势发展速度快，燃烧猛烈，极易造成房屋的倒塌，往往会给扑救工作带来很大的困难。

2. 公共娱乐场所火灾的逃生方法

(1) 保持冷静，明辨出口 由于进出公共娱乐场所的顾客随意性大，密度高，大部分都在晚上营业，加上灯光暗淡，视野极差，失火时容易造成人员拥挤、慌不择路等情况，甚至发生踩踏现象。因此，在进入公共娱乐场所时，要先熟悉安全出口和疏散楼梯位置，只有保持清醒的头脑，明辨安全出口方向，并采取一些安全避难措施，才能掌握主动，减少人员伤亡。

（2）随机应变，多路逃生　在发生火灾时，首先想到通过安全出口迅速逃生。一般人习惯从哪里进来还从哪里出去，并且不知道其他的安全出口，这样极易造成主要的安全出口堵塞，使人员无法顺利通过而滞留火场。这时就要克服盲目从众心理，果断放弃从主要安全出口逃生的想法，选择破窗或者其他的逃生方式。对于设在楼底层的歌舞厅、KTV等，可以直接从窗口跳出；对于设在2～3层的歌舞厅、KTV等，可借助工具顺着下水管道往下滑，尽量缩小与地面的距离，下滑时尽量双脚先着地；对于设在高层的公共娱乐场所，可参照“高层建筑火灾逃生方法”相关内容。

（3）防止烟雾中毒　由于公共娱乐场所装修装饰时往往采用大量可燃易燃材料，有的甚至是有机高分子材料，燃烧时会产生大量有毒的烟气。因此，逃生时不要到处乱跑，并应避免大声哭喊，以免大量烟气进入口腔，应采用水（一时找不到水时可用其他不燃液体代替）打湿身边的衣服、毛巾等物捂住口鼻并采取低姿势行走或匍匐爬行，以减少烟气对人体的伤害。

（4）寻找避难场所　公共娱乐场所发生火灾时，如果逃生通道被大火或浓烟封堵，又一时找不到辅助逃生设施，被困人员只有暂时逃向火势较轻、烟雾较淡处，寻找或创建避难间，向窗外发出求救信号，等待救援人员营救。

（5）切忌重返火场　逃离火场的人员千万应记住，不要因为贪恋财物或寻找亲朋好友而重返火场，而应告诉消防救援人员，请求帮助寻找救援。

（6）发现火情应立即报警　在公共娱乐场所，如果发现如电线打火、窗帘着火、垃圾桶冒烟等异常情况，应立即通知附近工作人员，并立刻报火警，不要因延误报警而使小火形成大灾，造成重大的损失。例如2002年7月20日，秘鲁首都利马乌托邦夜总会发生火灾，造成30人死亡、100人受伤。当天下午3时许，夜总会表演口喷火焰时，男演员将燃烧物喷到空中，燃烧物将夜总会的窗帘、天花板点燃，台下观众不明真相，以为这是表演中的一部分。火灾蔓延后，许多观众还在不停地叫喊“不要跑”。当火灾引燃观众席并释放大量浓烟时，拥挤的人群才出现惊乱，开始狂乱逃跑，致使不少人员被踩死踩伤。

三、住宅火灾

目前，现行国家标准《建筑内部装修设计防火规范》（GB 50222）虽然对住宅建筑内部装修用材的燃烧性能有要求，但是要求较低，除了顶棚要求B1级以上，其余装修材料要求B2级以上，并且若装有自动灭火系统时，其内部装修材料的燃烧等级还可适当放宽。由于某些居住者消防安全意识的淡薄，装修时采用了大量的可燃物装修，同时还存在着多种点火源（如燃气、各种家用电器等），一旦失火，就会酿成重大灾害。因此，掌握住宅建筑火灾的特点和火场的逃生方法，对大众来说也显得非常重要。

1. 住宅建筑火灾特点

（1）可燃物多，点火源多　随着人们生活水平的提高，居民越来越重视居住环境的舒适度和美观度，家装的档次也越来越高。在家装过程中，使用大量的木材、纤维制品和高分子材料，加之存在着大量木质或棉质家具，使得住宅建筑的可燃物很多，一旦发生火灾，就会猛烈燃烧，迅速蔓延。并且，家庭中有各式各样的灯具、家用电器设备等，致使点火源增多。比如射灯表面温度较高，容易引燃低燃点的可燃物品；荧光灯安装在可燃吊顶内，镇流器容易发热并蓄热起火引燃吊顶；电热水器、电饭煲、电暖气、电磁炉等加热电气的使用，也容易引发火灾。另外，天然气、液化石油气等的普及使用，也是诱发火灾的一个重要因素。

(2) 受困人员自救能力弱，疏散速度慢　住宅建筑的居民以家庭为单位，火灾发生后受困人员成分复杂，在被困者中有老、弱、病、残、孕及儿童或精神失常者，他们受生理或身体条件限制，自救能力弱，疏散速度慢。同时，由于住宅建筑中的受困物品多为私有财产，一些居民拼死保护而不愿意离开，即使离开被困区也可能随身携带一些贵重物品，如金银首饰、银行存折等，在这些贵重物品的寻找过程中浪费了宝贵的逃生时间。而且由于住宅建筑的逃生通道并不宽，只有1.3～1.4m，疏散楼梯的宽度也只有1.0m，这样更加减慢了居民的疏散速度。

(3) 高层住宅建筑特点使其防火、扑救难度加大　在高层住宅建筑中，一旦发生火灾，在楼梯井、电梯井、电缆井等竖向通道中易发生烟囱效应，使烟气的蔓延速度大大增加。并且烟气、热气流通过门窗等各种途径向外扩散，形成一种抽拔力，使火势蔓延加快。在一定条件下（如有风等），促使火势沿窗口、门口及各种管道向上、向下或向左右蔓延，形成大面积立体火灾。由于高层住宅建筑中人员密集，疏散通道长，疏散出口相对较少，需要的安全疏散时间较长，如果被大火围困，消防队员的营救难度也较大。而且，由于建筑高度高，但消防车的高度受限，扑救难度也较大。如2010年11月15日，某28层公寓大楼着火。由于电焊作业引燃堆积在外墙的聚氨酯保温材料碎屑，火势随后迅猛蔓延，因烟囱效应引发大面积立体火灾，最终造成58人死亡、71人受伤的严重后果，建筑物过火面积12000m^2，直接经济损失1.58亿元。

2. 住宅建筑的火场逃生方法

(1) 利用门窗逃生　在火灾发生时，若火势不大，还没有蔓延到整个住宅建筑，同时受困者又较熟悉燃烧区内的通道，优先选择门窗进行逃生。逃生者需要把被子、毛毯等用水淋湿裹住身体，低身冲出受困区。或者将逃生绳一端固定在窗户横框或其他固定构件上，无绳索时可用床单或窗帘代替，另一端系于小孩或老人的两腋和腹部，将其沿窗放至地面或下层的窗口，然后破窗出室从通道疏散，其他人可沿逃生绳滑下。

(2) 利用阳台逃生　在火场中由于火势较大，无法利用门窗逃生时可利用阳台逃生。若住宅建筑的相邻单元是连通阳台或凹廊的，在此类楼层中受困，可破拆阳台间的分隔物，从阳台进入另一单元，再进入疏散通道逃生。若住宅建筑中无连通阳台但阳台相距较近时，可将室内的床板或门板置于阳台之间，搭桥通过。若逃生者在三层或三层以上的住宅中，切不可通过阳台跳楼逃生。

(3) 利用管道逃生　住宅建筑的外墙壁上有落水或供水管道时，有能力的人，可利用管道逃生。但这种方法一般不适用于妇女、老人和儿童。

(4) 利用空间逃生　当逃生通道都被封死，并且室内空间较大而火灾荷载不大时可利用空间进行逃生。具体做法是：将室内（卫生间、厨房都可以，室内有水源最佳）的可燃物清除干净，同时清除与此室相连室内的可燃物，消除明火对门窗的威胁，然后紧闭与燃烧区相通的门窗，防止烟气进入，等待火势熄灭或消防队员的救援。

(5) 利用时间差逃生　在火势封闭了通道时，还可利用时间差逃生。因为一般住宅建筑的耐火等级为一、二级，其承重墙体的耐火极限在 2.5～3.0h，只要不是建筑整体受到烧烤，局部火势一般在短时间内难以使住房倒塌。所以人员可以先疏散至离火势较远的房间，再将室内被子、床单等浸湿，然后采取利用门窗逃生的方法进行逃生。

但在住宅建筑的逃生过程中，还需要注意以下几点：

① 在火场中或有烟的室内行走，尽量低身弯腰，以降低高度，防止烟气中毒；

② 在逃生途中尽量减少所携带物品的体积和重量，争取更多的逃生时间；

③ 正确估计火灾发展形势，不得盲目采取行动；

④ 防止产生侥幸心理，先要考虑安全及可行性后方可采取行动；

⑤ 逃生、报警、呼救三者要有机结合起来，防止只顾逃生而不顾报警和呼救。

第六节　不同交通工具的火灾逃生方法

一、地铁火灾

地铁灾害性事故中发生频率最高、造成损失最大的是火灾，且地铁中发生火灾将比地面建筑物中发生火灾更具有危险性。

1. 地铁火灾的特点

地铁系统结构复杂、环境密闭、设备集中、人员密度大，一旦发生火灾，扑救困难，是城市消防工作的重点和难点。

(1) 疏散难度大

① 垂直高度深　如果仅考虑到地铁商业运营的特点，地铁一般建于地下 15m 左右，如上海地铁一号线的垂直深度为地下 7～25m；如果考虑商业和战备兼顾的地铁，则一般建于地下 30～70m，如日本东京都营大江户地铁线，其中六本木车站共七层，深入地下达 42.3m，仅台阶就多达 200 级。一旦突发火灾事故，乘客从站台或站厅仅凭自身体力往地面逃生，外加对地铁环境的不熟悉，安全逃生的把握性较小。

② 逃生途径少 地铁运营环境的特定性，决定了供乘客安全逃生途径的单一性，除安全疏散通道外，既没有供乘客使用的垂直电梯（部分地铁设计上仅考虑残疾人专用电梯），也没有安全避难场所。突发火灾事故中，大量乘客同时涌向狭窄的通道和楼梯，可能严重影响乘客快速逃生。列车若在隧道内发生火灾，更加不具备大量乘客安全逃生的条件。

③ 营救路线单一 消防人员想要进入地铁站内或隧道内实施救援，无其他捷径，只能从乘客逃生方向的通道逆向进入，这样消防人员势必与逃生群体发生冲撞，人员救助的及时性和有效性就不能保证。

（2）灭火救援难度大

① 火情侦察困难，难以接近火点。

② 地铁位于地下有限空间，地铁出入口少，通道狭窄，且疏散距离长。因此，组织扑救和撤离困难。

③ 大型灭火设备无法进入现场，进入人员因烟热作用，不易接近起火部位，延长扑救时间。

④ 地铁密闭条件好，火灾发生后，热量不易散出，火势猛烈阶段，温度可达1000℃以上，有时会造成气流方向的变化，对救援和逃生影响较大。

⑤ 隧道火灾多半是缺氧燃烧，产生大量烟雾以及一氧化碳等有害气体，若疏散不及时，将导致中毒或窒息危险。

（3）允许逃生时间短 针对地铁火灾事故，日本消防部门曾做过试验，日本地铁的车厢虽被确认具有不易燃烧性，但起火后，快则1min、慢则8min之后就会出现对人体有害的气体，2～5min内，车厢内烟雾弥漫就无法看清逃生出口，相邻的车厢在5～10min内也会出现相同情形。试验证明，允许乘客逃生的时间只有5min左右。此外，车内乘客的衣物一旦引燃，火势可在短时间内扩大，允许逃生的时间则更短。

2. 地铁火灾的逃生方法

【案例6-15】 2003年2月，韩国大邱市地铁中央路站发生火灾，着火的是一组载有400人左右的六节列车。4min后，另一组同样的列车，从与起火列车相对方向驶入中央路站。这组列车的驾驶人员因害怕烟雾进入车厢而没有及时打开车门疏散乘客，等到火势扩大后再想打开车门时，电源已被切断，无法打开车门，使得乘客被关在黑暗的车厢内。有些乘客找到了应急开门装置得以逃生，但多数车门都未被打开。着火列车的车厢门均打开，几乎所有乘客均逃出，而死亡者中的绝大多数是后进站的乘客。由此可见，遇地铁火灾时，只要沉着冷静、机智勇敢，就有可能生还。

地铁火灾大致有三种情况：一是列车停靠在站台；二是列车刚离开或将进入站台；三是列车在两站之间的隧道中。不管是哪种情况发生，乘客一定要保持冷静，不可随意拉门或砸窗跳车。要倾听列车广播的指导，听从地铁工作人员的疏导指挥，迅速有序地朝着指定的方向撤离。

(1) 当停靠在站台的列车起火时，应立即打开所有的车厢门，及时向站台疏散乘客，并在工作人员的组织下向地面疏散，与此同时应携带灭火器组织灭火。

(2) 当行驶中的列车发生火灾时，要从火势规模和火灾地点两方面进行考量。当列车内部装饰、电气设备和乘客行李发生火灾时，这种火灾容易被人发现，如果在报火警的同时能够采取有效的措施（如利用车载灭火器进行灭火等），很有可能将火势控制在较小规模并保障乘客的安全。一般而言，地铁区间隧道长1～2km，行车时间1～3min，这种情况下应尽快向前方站台行进，停靠站台后再组织疏散。反之，如果火势较大，烟火已经威胁到乘客的安全，则应立即在隧道内部停车，及时组织人员疏散。

以上两种情况下，均应优先疏散老、弱、妇、幼等弱势群体。

(3) 当列车在两站之间的隧道区间失火且火势较大时，应立即停车，打开车厢门，乘客应按照工作人员指定的方向进行疏散。如果车厢门无法打开，乘客可向列车头、尾两端疏散，从两端的安全门下车；若列车车厢间无法贯通，车厢门又卡死，乘客可利用车门附近的红色安全开关打开车厢门进行疏散；如果是列车中间部位着火，必须分别向前、后两个站台进行疏散。疏散方向原则上要避开火源，兼顾疏散距离，尽量背着烟火蔓延扩散方向疏散逃生。疏散过程中，应避免沿轨道进行疏散，可优先考虑使用侧向疏散平台，因疏散平台的宽度不小于0.6m，可保证乘客快速离开车厢。如果是长距离的区间隧道，根据《地铁设计规范》，每隔600m设有联络通道，应充分利用联络通道，将乘客转移至临近的区间隧道，避开浓烟，保证人员安全。

需要注意的是，地铁运行过程中起火，不能触动安全开门装置。安全开门装置是危及生命安全时在列车停稳后，乘客按照司机指示手动解锁车厢门的装置。但在列车行驶过程中，安全开门装置一旦被触发，可能导致列车安全制动或发生危险。在列车起火的情况下，触动安全开门装置是非常危险的行为。不但会延误进站时间，而且因为有些线路是接触轨供电，带有高压电，一旦乘客从打开的车门处跌落轨道，后果将不堪设想。若有人被浓烟呛致昏迷，应将昏迷乘客置于呼吸通畅的身体姿势，并迅速检查其呼吸与脉搏。如果发现心跳与呼吸停止，就应马上进行人工呼吸与胸外心脏按压，直至列车进站，再交由专业的医护人员进行抢救。

二、汽车火灾

汽车是目前世界上数量最多、普及最广的交通工具。它的出现大大方便了人们的日常生活和出行。然而，汽车由上万个零部件组成，结构复杂、加工精密，机、电、液一体，集电路、油路、气路各部分于有限空间内，同时运行，同时工作，极大地增加了火灾发生概率。近年来，随着我国汽车保有量的持续增加，汽车火灾也呈明显上升趋势。而火灾带来的损失和危害也触目惊心。

1. 汽车火灾的特点

（1）火灾损失大，人员伤亡大 汽车内部空间狭小，元器件集中，一旦发生火灾，火势蔓延速度快，人员疏散不便，使得火灾的扑救难度增大，实施逃生和消防救援更加困难。特别对于一些运载易燃易爆物品的汽车，不但在有限的空间内集中了大量的易燃易爆品，使得发生火灾的危险性增大，火灾事故造成的损失与危害更加严重。汽车行驶途中，远离消防队和居民区，一旦起火，来不及救助，也容易造成较大损失。

（2）起火快，燃烧猛 汽车一般用油类作燃料，燃点低、易挥发、点火能量小、遇火即可爆燃。油品及橡胶管、轮胎等均为易燃物品，火灾荷载大，燃烧时产生巨大热量，易造成猛烈燃烧。汽车在行驶中，供氧充足，促使火势迅猛发展。

（3）烟熏较大，有毒有害气体较多，疏散困难 由于现代汽车向舒适型发展，车内装饰比较多，且多数采用高分子复合材料、塑料构件等，一旦发生火灾，会释放出一氧化碳、氯化氢等有害气体和烟雾。另外，以交通事故引发的汽车火灾中，车门被碰撞挤压变形，开启困难，人员来不及疏散，更易造成人员伤亡。

2. 汽车火灾的逃生方法

汽车发生火灾，是救还是逃，要视情况而定。一般来讲，私家轿车 3min 内的火灾可自行扑灭。若汽车发动机起火，驾驶员要迅速停车，乘车人员打开车门自己下车，然后切断电源，取下随车灭火器，对准火焰根部位置正面猛喷，扑灭火焰。若汽车油箱口发生喷射状起火时，人员应立刻下车，用湿毛巾或湿毛毯等，从上风口接近，将油箱口完全捂住，隔绝空气，窒息灭火。当油箱破裂油渍泄漏时，应当立刻使用干粉灭火器扑灭火焰，同时想办法阻止油渍向其他地点蔓延。如果燃烧超过 3min，危险大，还是弃车逃生为宜。

汽车起火时如果停在危险地点（加油站、易燃易爆物品仓库等），则应想办法把车辆开离或移出相关地点，防止引起更大的事故。如果车辆确实无法移动，则应该尽力控制火势，同时迅速疏散周围人员，以防意外事故发生。

3. 公共汽车发生火灾

（1）基本特点

①易燃液体多。每辆汽车燃油箱的容量为 50～200L。燃油箱用铁皮制造，被火烧烤后很容易发生破裂和爆炸，导致燃料油遍地流淌，引起火势蔓延。②车门数量少。大型铰接式公共汽车、普通大客车，其车门数一般为 2～4 个，中、小型客车的车门数一般为 1～2 个。大多数汽车的车门，由驾驶员和售票员控制操纵。③载客数量大。大型铰接式公共汽车可装载乘客 80 余人；普通公共汽车可装载乘客 40 余人。车内超员时人数成倍增加，这时就会非常拥挤。

（2）火灾特点

①火势蔓延迅猛。车上的火灾荷载大，如车内装饰材料、轮胎、木质车厢板和座椅等，燃烧后产生的温度较高，很容易导致车上的燃油箱破裂或爆炸，使液体油遍地流淌，烈焰升腾。②人员疏散困难。当发生火灾后，往往会因火势猛烈，车内

人员慌张，争相逃生造成混乱，使汽车门窗阻塞，甚至打不开，车内人员很难疏散出车外，从而导致惨重伤亡。

（3）逃生方法　当发现车辆有异常声响和气味等时，驾驶员应立即熄火，将车停靠在避风处检查火点，注意不要贸然打开机盖，以防止空气进入助燃，并及时报警。

火灾时，要特别冷静果断，并视着火的具体部位确定逃生和扑救方法。如着火部位是公共汽车的发动机，则驾驶员应停车并开启所有车门，让乘客从车门迅速下车，然后再组织扑救；如果着火部位在汽车中间，则驾驶员应停车并开启车门，乘客应迅速从两侧车门下车，再扑救；如果车上线路被烧坏，车门不能开启，则乘客可从就近的窗户下车。

车辆失火时，车门是乘客首选的逃生通道。若无法正常打开车门，可使用应急开关。除了驾驶室旁边有应急开关外，在车门上方也有应急开关。一旦车门无法正常打开，临近车门的乘客可拉开车门上方的红色安全开关，打开车门逃生。若车门无法打开或车厢内过于拥挤时，则车顶的天窗及车身两侧的车窗也是重要的逃生通道。遇到安全情况，优先选择车身两侧的车窗，若两侧车窗无法打开时，可选择车顶的天窗。只要旋转车顶逃生通道上面的旋钮，就可打开逃生，但是由于在车顶使用有难度，需要有人架起来才能上去。所以，若不是车辆发生侧翻，车顶通道使用起来还是有一定难度。现在公交车辆上都配有救生锤，乘客只要将锤尖对准车玻璃拐角或其上沿以下 20cm 处猛击，则玻璃会从被敲击处向四周网状开裂，此时，再用脚把玻璃踹开，人就可以逃生了。除了救生锤，高跟鞋、腰带扣和车上的灭火器也是方便有效的砸窗工具。

在逃生过程中，切忌恐慌拥挤，这样不利于逃生，容易发生踩踏事故，造成人员伤亡；同时要注意向上风方向（浓烟相反的方向）逃离，不能随意乱跑，切忌返回车内取东西，因为烟雾中有大量毒气，吸入少许就可能致命。

三、火车火灾

客用火车尤其是高速列车是目前载客量最大、长距离出行最方便最快速的公共交通工具。一列火车由于车身较长，加之车厢内装材料成分复杂，旅客行李大多为可燃物，着火时不但易产生有毒气体，甚至会形成一条长长的火龙，严重威胁旅客生命。

因此，掌握火车火灾基本特点和火场中被困人员的行为特点对选择火场基本逃生方法是有很大帮助的。

1. 火车火灾的特点

（1）易造成人员伤亡　火车车厢内有大量旅客，发生火灾后，燃烧产生的烟雾和热辐射会在车厢内迅速蔓延。由于车厢内通道狭窄，车门少，再加上列车在行驶途中不易发现失火，无法及时停车，旅客难以疏散，极易造成人员伤亡。

（2）易形成一条火龙　高速行驶的火车一旦发生火灾，由于列车行驶过程中通过窗户等途径造成正压通风使得处于正压通风前端的火势迅速向后端蔓延，瞬间，整个车厢就会燃烧起来。有时，由于空气压力的作用，火势还会以跳跃状的蔓延方式燃烧到与着火车厢相连的后端车厢形成一条火龙。

（3）易造成前后左右迅速蔓延　夜间行驶的列车，因为车厢门窗紧闭，不受外界风流影响，火灾初起时，火势并不是向某一方向发展，而是前后左右迅速蔓延。

（4）易产生有毒气体　火车的车厢除厢体和座位的支架为非燃烧物或难燃烧物外，其他附件均为可燃烧物，有些火车的座位装饰材料为橡胶制品和聚氯乙烯泡沫，一旦燃烧会产生大量有毒气体。火车如果是在夜间行驶时发生火灾，由于车厢的窗户时常紧闭，氧气供应不足，不能充分燃烧，以致燃烧时释放出大量一氧化碳和一些有毒有害气体。

2. 火车火灾被困人员的行为特点

火车一旦发生火灾，被困人员受到烟气、高温及火势威胁后时常会表现出以下行为特点：

（1）惊慌失措　特别是夜间行驶的火车发生火灾，当火灾初起之际，正处于睡眠状态的旅客毫无觉察，待火势瞬间扩大后，突然被惊醒，当发现自己受到火势威胁时，青壮年旅客往往争先恐后朝车厢的两头逃生。而老、弱、病、残者会显得惊慌，有的甚至会呆站在原地。

（2）失去理智，争相逃命　被火势围困的人员急于逃离火灾现场，纷纷向前后车厢门涌去。慌乱中年老和病残者往往易被拥挤人群推倒，会出现踩在倒下的人身上逃命的现象。

（3）急于破窗逃生　一般的火车每节车厢的两边各设有 10 个车窗，被火势围困的旅客，往往会用坚硬的物体将车窗玻璃砸破后逃生。

（4）急于寻找亲人及值钱的东西　乘坐火车的旅客中有些是与亲人一起旅行，或是与同事、朋友结伴出行，大都带有钱和一些值钱的东西。火灾发生时，大多数的人在逃生前往往要先拿钱和值钱的东西，还有的呼喊着自己的亲人或同行的伙伴，以至于造成车厢内秩序混乱。

3. 火车火灾的逃生方法

（1）尽可能利用火车内的设施逃生

① 利用车厢前后门逃生。火车每节车厢内都有一条长约 20m、宽约 80cm 的人行通道，车厢两头有通往相邻车厢的手动门或自动门，当某一节车厢内发生火灾时，这些通道是被困人员利用的主要逃生通道。火灾时，被困人员应尽快利用车厢两头的通道，有秩序地逃离火灾现场。

② 利用车厢窗户逃生。火车车厢内的窗户一般为 70cm×60cm，装有双层玻璃。在发生火灾的情况下，被困人员可用坚硬的物品将窗户的玻璃砸破，通过窗户逃离现场。

（2）不同情况下的逃生技术

① 疏散人员　运行中的火车发生火灾，列车乘务人员在引导被困人员通过各

车厢相互连通的走道逃离火场的同时，还应迅速扳下安全制动闸，使列车停下来，并组织人力迅速将车门和车窗全部打开，帮助未逃离着火车厢的被困人员向外疏散。

② 疏散车厢　火车在行驶途中或停车时发生火灾，威胁相邻车厢时，应采取摘钩的方法疏散未起火的车厢。具体方法如下：前部或中部车厢起火时，先停车摘掉起火车厢后部与未起火车厢之间的连接挂钩，机车牵引向前行驶一段距离后再停下，摘掉起火车厢与前面车厢之间的挂钩，再将其余车厢牵引到安全地带。尾部车厢起火时，停车后先将起火车厢与未起火车厢之间连接的挂钩摘掉，然后用机车将未起火的车厢牵引到安全地带。

4. 注意事项

(1) 当起火车厢内的火势不大时，列车乘务人员应告知乘客不要开启车厢门窗，以免大量的新鲜空气进入后，加速火势的扩大蔓延。同时，组织乘客利用列车上灭火器材扑救火灾，还要有秩序地引导被困人员从车厢的前后门疏散到相邻的车厢。

(2) 当车厢内浓烟弥漫时，要告知被困人员采取低姿行走的方式逃离到车厢外或相邻的车厢。

(3) 当车厢内火势较大时，应尽量破窗逃生。

(4) 采用摘挂钩的方法疏散车厢时，应选择在平坦的路段进行。对有可能发生溜车的路段，可用硬物塞垫车轮，防止溜车。

四、客船火灾

客船是指水上用于运载旅客的船舶，是水面漂浮建筑，具有吨位高、载客量大、续航时间长等特点。客船在航行、停泊、检修等作业中，稍有不慎，极易发生火灾，造成人员伤亡。因此，对客船火灾逃生方法应引起高度重视。

1. 客船火灾的特点

(1) 蔓延速度快，潜伏着爆炸危险　火灾一旦发生在机舱，火势会沿着机器设备、电缆线、油管线向四周和上部蔓延。一般在起火 10min 内就能延烧到整个机舱，舱内的贮油柜由于受到火焰的烘烤容易发生爆炸。

(2) 易形成立体火灾　由于可燃物较多，舱内顶板、底板、侧板都可燃烧。梯道由底向上贯通通风管道上下连接，火势能得以较快的发展，并通过各相连处的空间蔓延至整个船，造成多层、多舱室火灾。

(3) 易产生有毒气体　客舱内部装饰材料多为木材和泡沫塑料，此类材料均为可燃性物质，燃烧时会产生大量的热和多种有害气体，如一氧化碳、二氧化碳、氯化氢等，危及在场人员的生命安全。

(4) 旅客难以疏散　客船一旦起火，旅客受惊争相逃命，容易造成楼梯和通道阻塞，来不及疏散的人被火势和烟雾围困在危险区域内，随时可能造成伤亡。

2. 客船火灾的逃生方法

（1）利用客船内部设施逃生　可以利用内梯道、外梯道和舷梯逃生；可以利用逃生孔进行逃生；可以利用救生艇和其他救生器材逃生；还可以利用缆绳逃生。

（2）不同部位、不同情况下人员逃生　当客船在航行时机舱起火，轮机人员可利用尾舱通向上甲板的出入孔逃生。船上工作人员应引导船上乘客向客船的前部、尾部和露天板疏散，必要时可利用救生绳、救生梯向水中或来救援的船只上逃生，也可穿上救生衣跳进水中逃生。如果火势蔓延，封住走道时，来不及逃生者可关闭房门，不让烟气、火焰侵入。情况安全时，也可跳入水中。

当客船前部某一楼层着火，还未延烧到机舱时，应采取安全靠岸或自行搁浅措施，让船体处于相对稳定状态。被火围困人员应迅速往主甲板、露天甲板疏散，然后借助救生器材向水中和来救援的船只上及岸上逃生。

当客船上某一客舱着火时，舱内人员在逃出后应随手将舱门关上，以防火势蔓延，并提醒相邻客舱内的旅客赶快疏散。若火势已窜出房间封住内走道时，相邻房间的旅客应关闭靠内走道房门，从通向左右船舷的舱门逃生。

当船上大火将直通露天的梯道封锁致使着火层以上楼层的人员无法向下疏散时，被困人员可以疏散到顶层，然后向下施放缆绳，沿缆绳向下逃生。

总而言之，客船火灾中的逃生不同于陆地火场上逃生，具体的逃生方法应依据当时客观条件而定，这样才能避免和减少不必要的伤亡。

第七节　高层与地下建筑的火灾逃生方法

一、高层建筑火灾

我国相关建筑设计防火规范规定，高层建筑是指建筑高度超过24m且二层及二层以上的公共建筑或是指建筑高度大于27m的住宅建筑。随着高层建筑越来越多，一系列的安全问题也接踵而至。其中，火灾是一个极其突出的问题。由于高层建筑火灾燃烧复杂、垂直疏散距离长，因此掌握其火灾的特点和逃生方法显得尤为重要。

1. 高层建筑火灾的特点

高层建筑具有建筑高、层数多、建筑形式多样、功能复杂、设备繁多、各种竖井众多、火灾荷载大以及人员密集等特点，以至于火灾时烟火蔓延途径多，扩散速度快，火灾扑救难，极易造成人员伤亡。

（1）热气流上升快　由于高层建筑内部竖井众多，一旦起火，在密闭型的建筑内温度升高很快，很容易形成正烟囱效应，烟气、高温热气流通过各种途径向外扩散，上升速度快。

（2）内外蔓延，容易形成立体火灾　房间起火后，烟火首先冲向房顶然后向水平方向扩散，当烟雾越来越多，开始下沉向起火楼层的四周蔓延。

(3) 容易造成人员伤亡　一旦起火，有毒烟气迅速充满走廊，人们很快受到烟气的袭击，加之高层建筑疏散距离远、疏散时间长，人员疏散时容易出现拥挤甚至阻塞，造成人员疏散速度减慢。因此，高层建筑起火时，发生人员中毒、窒息死亡或被火烧死的事件概率大。

2. 高层建筑火灾的逃生方法

由于高层建筑火灾时垂直疏散距离长，因此，要在短时间内逃脱火灾险境，人员必须要具有良好的心理素质及快速分析判断火情的能力，冷静、理智地作出决策，利用一切可利用的条件，选择合理的逃生路线和方法，争分夺秒地逃离火场。

(1) 利用建筑物内的疏散设施逃生

① 优先选用防烟楼梯、封闭楼梯、室外楼梯、普通楼梯及观光楼梯进行逃生　高层建筑中设置的防烟楼梯、封闭楼梯及其楼梯间的乙级防火门，具有耐火及阻止烟火进入的功能，且防烟楼梯间及其前室设有能阻止烟气进入的正压送风设施。有关火灾案例证明，火灾时只要进入防烟楼梯间或封闭楼梯间，人员就可以相对安全地撤离火灾险地，换言之，高层建筑中的防烟楼梯间、封闭楼梯间是火灾时最安全的逃生设施。

② 利用建筑物的阳台、有外廊的通廊、避难层进行逃生　在火场中由于火势较大，楼道走廊已被浓烟充满无法通过时，可利用阳台逃生。紧闭与阳台相通的门窗，防止空气对流。被困人员站在阳台上避难，等待消防人员到来。或者可拆破阳台间的分隔物，从阳台进入另一单元，再进入疏散通道逃生。

超高层公共建筑（100m 以上）每隔 15 层左右设有避难层，避难层内建筑材料耐火等级比一般楼层高，且里面设置自动喷水灭火装置、应急照明系统、防排烟系统、自动报警系统等。通过客梯是无法进入避难层的，只有通过各楼层的消防安全通道才能进入。为了避免火灾产生的“烟囱效应”，避难层内有一段错层楼梯，特意将避难门与同层的消防安全通道门错开。一旦发生火灾，人员可以从其他楼层的消防安全通道进入避难层等待救援。

③ 利用室内配置的逃生缓降器、逃生绳及高层逃生滑道等逃生避难器材逃生　逃生避难器材的具体用法见本书第七章第二节。

④ 利用管道逃生　房间外墙壁上有落水或供水管道时，有能力的人，可以用四肢夹住管道，沿管道下滑至地面或者着火层以下楼层逃生。这种方法一般不适用于妇女、老人和小孩。

⑤ 利用房间内的床单、窗帘等织物拧成能够承受自身重量的布绳索，系在窗户、阳台等固定构件上，沿绳索下滑到地面或较低的其他楼层进行逃生。

(2) 不同部位、不同条件下的人员逃生　当高层建筑的某一部位发生火灾时，应注意收听消防控制中心播放的应急广播通知，它将会告知你着火的楼层、安全疏散的路线、方法和注意事项，不要一听到火警就惊慌失措，失去理智，盲目行动。

① 如果身处着火层之下，则可优先选择防烟楼梯、封闭楼梯、普通楼梯及室内疏散走道等，按照疏散指示标志指示的方向向楼下逃生，直至室外安全地点。

② 如果身处着火层之上，且楼梯、通道没有烟火时，可选择向楼下快速逃生；如烟火已封锁楼梯、通道，则应尽快向楼上逃生，并选择相对安全的场所如楼顶平台、避难层等待救援。

③ 如果身处着火层时，则快速选择通道、楼梯逃生；如果楼梯或房门已被大火封堵，不能顺利疏散时，则应退避房内，关闭房门，另寻其他逃生路径，如通过阳台、室外走廊转移到相邻未起火的房间再行逃生；或尽量靠近沿街窗口、阳台等易于被人发现的地方，向救援人员发出求救信号，如大声呼喊、挥动手中的衣服、毛巾或向下抛掷小物品，或打开手电、打火机等求救，以便让救援人员及时发现并实行施救。

④ 如果在充满烟雾的房间和走廊内逃生时，则不要直立行走，最好弯腰使头部尽量接近地面，或采取匍匐前行姿势，并做好防烟保护，如佩戴防毒面具，或用毛巾、口罩或其他可利用的东西做成简易防毒面具。

⑤ 如果是晚上听到火警，首先赶快滑到床边，爬行至门口，用手背触摸房门，如果房门变热，则不能贸然开门，否则烟火会冲进室内。如果不热，说明火势可能还不大，则通过正常途径逃离是可能的，此时可打开房门离开，但一定要随手关好身后的门，以防止火势蔓延扩散。如果在通道上或楼梯间遇到了浓烟，则要立即停止前行，千万不能试图从浓烟里冲出来，应退守房间，并采取积极主动的防火自救措施，如关闭房门和窗户，用潮湿的织物堵塞门窗缝隙，防止烟火的侵入。

⑥ 如果身处较低楼层（3 层以下）且火势危及生命又无其他方法自救时，只有将室内床垫、棉被等软物抛至楼下时，才可采取跳楼行为。

（3）自救、互救逃生

① 利用建筑物内各楼层的灭火器材灭火自救　在火灾初起阶段，充分利用消防器材将火消灭在萌芽阶段，可避免酿成大火。从这个意义上讲，灭火也是一种积极的逃生方法。因此，火灾初起阶段一定要沉着冷静，不可惊慌失措，延误灭火良机。

② 相互帮助，共同逃生　对老、弱、病、残、儿童及孕妇或不熟悉环境的人要引导疏散，帮助其一起逃生。

二、地下建筑火灾

地下建筑是指建筑在岩石或土层中的军事、工业、交通和民用建筑物。由于地下建筑结构复杂，人员集中，以至于发生火灾时，常常很被动。因此，掌握地下建筑的火灾规律和逃生方法很重要。

1. 地下建筑火灾的特点

（1）火场温度高、烟雾大　地下建筑火灾一般供气不足（或在开始时与地面建筑物无多大差别），开始时较易发生阴燃现象，并且阴燃时间长，发烟量大。而且由于地下建筑绝大多数无窗，火灾时烟和热量不能像地面建筑那样有 80%可由破碎的窗户扩散到大气中，而是聚集在建筑物中，散热困难，温度升高快，烟气也不易散出。

（2）泄爆能力差 地下建筑基本上是封闭体，易燃易爆的物品发生爆炸时，爆炸压力泄放能力差，易使结构和地面上建筑物破坏严重。

（3）人员疏散困难 地下建筑难以采取天然采光措施，基本全靠电源照明。火灾时正常的电源被切断，人们的逃生全靠应急照明系统，又由于火灾时烟雾的减光性，使逃生通道的能见度下降，黑暗也加重了人们的恐慌心理，大大增加了逃离火场的难度。同时，地下建筑内部的大量烟气容易造成中毒、缺氧和高温，也会使人丧失逃生能力。

（4）火灾扑救困难 地下建筑发生火灾时灭火进攻路线少，从地面进入地下需要较长的准备时间（如佩戴防毒面具等），能见度低，难于找到或接近着火点。并且地下建筑出入口少、通道狭窄、拐弯多，灭火手段难以施展，加上高温、浓烟和毒气比一般火场严重，更增加了扑救火灾的难度。

2. 地下建筑火灾的逃生方法

（1）首先要有逃生意识。凡进入地下建筑的人员，一定要对其内部设施和结构布局进行观察，熟记疏散通道和安全出口的位置。

（2）地下建筑一旦发生火灾，要立即关闭通风空调系统，停止送风，防止火势扩大。同时，应立即开启排烟系统，迅速排出地下室内烟雾，降低火场温度和提高火场能见度。

（3）迅速撤离险区，采取自救或互救手段疏散到地面、避难间或其他安全区域。

（4）灭火与逃生相结合。严格按防火分区或防烟分区，关闭防火门，防止火势蔓延或封闭窒息火灾。把初起之火控制在最小范围内，并采取一切可行的措施将其扑灭。

（5）在火灾初起时，地下建筑内有关人员应及时引导疏散，并在转弯及出口处安排人员指示方向，疏散过程中要注意检查，防止有人未撤出。逃生人员要坚决服从工作人员的疏导，绝不能盲目乱跑，已逃离地下建筑的人员不得再返回地下。

（6）逃生时，尽量低姿势前进，不要做深呼吸，可能的情况下用湿衣服或毛巾捂住口鼻，防止烟雾进入呼吸道。

（7）万一疏散通道被大火阻断，应尽量想办法延长生存时间，等待消防队员前来救援。

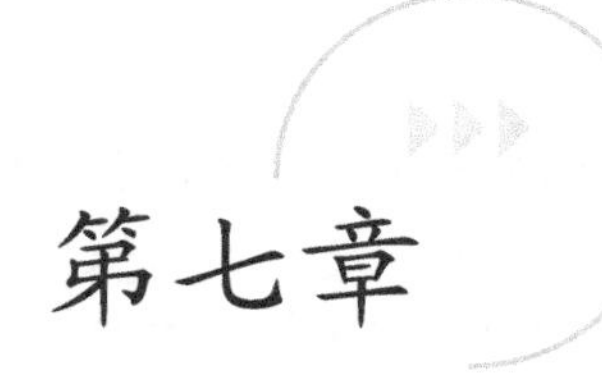

第七章 建筑火灾逃生避难器材

身处火灾现场的被困人员，一定要竭尽所能设法逃生、自救和互救。火灾中，人们通常会通过熟悉的疏散走道、疏散楼梯进行逃生，但当疏散走道、疏散楼梯被大火、烟雾封堵时，必然会寻找和通过逃生器材与设施来进行逃生。因此，建筑火灾逃生避难器材与设施也成了火灾危难之际人员逃生的重要辅助工具。

第一节 概　　述

建筑火灾逃生避难器材是在发生建筑火灾的情况下，遇险人员逃离火场时所使用的辅助逃生器材，该类器材是对建筑物内安全疏散设施的必要补充，对建筑内人员的逃生避难和人身安全具有重要作用。

一、器材分类

1. 建筑火灾逃生避难器材按器材结构可分为四类：绳索类、滑道类、梯类和呼吸类。

（1）绳索类　如逃生缓降器、应急逃生器、逃生绳。

（2）滑道类　如逃生滑道。

（3）梯类　如固定式逃生梯、悬挂式逃生梯。

（4）呼吸类　如消防过滤式自救呼吸器、化学生氧式消防自救呼吸器。

2. 建筑火灾逃生避难器材按器材工作方式可分为两类：单人逃生类和多人逃生类。

（1）单人逃生类　如逃生缓降器、应急逃生器、逃生绳、悬挂式逃生梯、消防过滤式自救呼吸器、化学生氧式消防自救呼吸器等。

（2）多人逃生类　如逃生滑道、固定式逃生梯等。

二、适用场所

(1) 绳索类、滑道类或梯类等逃生避难器材适用于人员密集的公共建筑的二层及二层以上楼层。

(2) 呼吸器类逃生避难器材适用于人员密集的公共建筑的二层及二层以上楼层和地下公共建筑。

三、适用楼层（高度）

(1) 逃生滑道、固定式逃生梯应配备在不高于 60m 的楼层内；逃生缓降器应配备在不高于 30m 的楼层内；悬挂式逃生梯、应急逃生器应配备在不高于 15m 的楼层内；逃生绳应配备在不高于 6m 的楼层内。地上建筑可配备过滤式自救呼吸器或化学生氧式自救呼吸器，高于 30m 的楼层内应配备防护时间不少于 20min 的自救呼吸器。地下建筑应配备化学生氧式自救呼吸器。

逃生避难器材配备楼层（高度）见表 7-1。

表 7-1 逃生避难器材适用楼层（高度）

器材名称	固定式逃生梯	逃生滑道	逃生缓降器	悬挂式逃生梯	应急逃生器	逃生绳	过滤式自救呼吸器	化学生氧式自救呼吸器
配备楼层或高度	≤60m	≤60m	≤30m	≤15m	≤15m	≤6m	地上建筑	地上及地下公共建筑

(2) 其他逃生避难器材的配备楼层（高度）参照国家质量检验机构出具的检验报告确定。

四、配备数量

(1) 逃生避难器材的配备数量应满足器材可救助人数之和不小于逃生避难人数的要求。

(2) 各类场所的逃生避难人数及逃生避难器材可救助人数的计算方法参见表 7-2 和表 7-3。

表 7-2 各类场所的逃生避难人数

配备场所	逃生避难人数
宾馆、饭店、商场、会堂、公共娱乐场所	宾馆:员工人数(当班员工人数,下同)+床位数 饭店:员工人数+座位数 商场:员工人数+顾客人数(营业区面积每 $4m^2$ 折算为 1 人) 会堂:员工人数+座位数 公共娱乐场所:员工人数+座位数(影剧院、餐饮场所、网吧等)或员工人数+顾客人数(歌舞厅、游乐和健身场所等,营业区面积每 $3m^2$ 折算为 1 人)

续表

配备场所	逃生避难人数
医院的门急诊楼（部）、病房楼（部）	门急诊楼（部）：员工人数＋就诊人数（门诊室及候诊区室内面积每 $3m^2$ 折算为1人） 病房楼（部）：员工人数＋床位数
学校的教学楼、图书馆和集体宿舍	教学楼：员工人数＋学生人数 图书馆：员工人数＋座位数 集体宿舍：员工人数＋床位数
养老院、托儿所、幼儿园	养老院：员工人数＋床位数 托儿所、幼儿园：员工人数＋学生人数
客运车站、码头以及民用机场的候车、候船、候机厅（楼）	员工人数＋座位数
公共图书馆的阅览室，展览馆、博物馆的展览厅	阅览室：员工人数＋座位数 展览厅：员工人数＋参观人数（观展区面积每 $3m^2$ 折算为1人）
办公楼	办公楼：员工人数＋办公人数
地下车站、地下商场等地下公共建筑	地下车站：员工人数＋座位数 地下商场：员工人数＋顾客人数（营业区面积每 $3m^2$ 折算为1人）

表 7-3 逃生避难器材可救助人数的计算方法

器材名称	可救助人数	
	不高于15m的楼层	高于15m的楼层
逃生缓降器	20人/套	$\frac{20}{1+(N-15)/15}$人/套
逃生滑道	60人/套	$\frac{60}{1+(N-15)/15}$人/套
固定式逃生梯	150人/台	$\frac{150}{1+(N-15)/15}$人/台
悬挂式逃生梯	5人/件	—
应急逃生器	1人/具	—
逃生绳	2人/根 （用于不高于6m的楼层）	—
自救呼吸器	1人/具	
其他逃生避难器材	参照国家指定质量检验机构出具的检验报告确定	

注：N 代表器材实际安装高度。

（3）注意事项

① 变更　当建筑物的用途发生变更或建筑物内的人员数量、建筑结构、装修、消防系统发生改变时，应重新确定该建筑物内逃生避难器材的配备。

② 产品要求　配备在建筑物内的逃生避难器材应为通过国家指定质量检验机构检验合格的产品。逃生避难器材的实际使用高度不得超出国家指定质量检验机构出具的检验报告中的参数范围。

五、安装

1. 安装位置

（1）逃生缓降器、逃生梯、逃生滑道、应急逃生器、逃生绳应安装在建筑物袋形走道尽头或室内的窗边、阳台凹廊以及公共走道、屋顶平台等处。室外安装应有防雨、防晒措施。

（2）逃生缓降器、逃生梯、应急逃生器、逃生绳供人员逃生的开口高度应在1.5m以上，宽度应在0.5m以上，开口下沿距所在楼层地面高度应在1m以上。

（3）自救呼吸器应放置在室内显眼且便于取用的位置。

2. 安装方式

（1）逃生滑道的入口圈、固定式逃生梯应安装在建筑物的墙体、地面及结构坚固的部分。逃生缓降器、应急逃生器、逃生绳应采用安装连接栓、支架和墙体连接的固定方式，连接强度应满足相应的设计要求。悬挂式逃生梯应采用夹紧装置与墙体连接，夹紧装置应能根据墙体厚度进行调节。除固定式逃生梯外其他产品应设置在专用箱内。

（2）逃生避难器材在其安装或放置位置应有明显的标志，并配有灯光或荧光指示。

（3）逃生缓降器、逃生梯、逃生滑道、应急逃生器、逃生绳等产品的使用说明或使用方法简图应固定在产品使用位置。自救呼吸器产品使用说明或使用方法简图应在其产品外包装上。

（4）逃生缓降器、悬挂式逃生梯、逃生滑道、应急逃生器、逃生绳展开后不应和建筑物有干涉现象，逃生缓降器、应急逃生器、逃生绳的绳索垂线与建筑物外墙间的距离应大于0.2m，固定式逃生梯的踏板以及逃生滑道的外侧与建筑物外墙间的距离应大于0.3m。

（5）逃生缓降器、逃生梯、逃生滑道、应急逃生器、逃生绳安装时在水平方向应保持一定间隔。逃生缓降器、应急逃生器和逃生绳的绳索垂线间距以及逃生梯、逃生滑道外侧间应大于1.0m，以防止使用过程中的相互干涉。

（6）逃生缓降器、应急逃生器、逃生绳的安装高度应距所在楼层地面1.5～1.8m；逃生滑道进口的高度应距所在楼层地面1.0m以内。

（7）完全展开后的逃生缓降器和应急逃生器的绳索底端、悬挂式逃生梯最底端的梯蹬、固定式逃生梯最底端的踏板、逃生绳的底端距地面的距离应在0.5m以

内，逃生滑道袋体末端距地面的距离应在1.0m以内。

3. 其他逃生避难器材的安装位置和安装方式应满足相应设计及安全使用要求。

六、检查

1. 检查周期

逃生避难器材安装后应定期检查。检查周期不应超出一个月。

2. 检查内容

检查数量为建筑物内全部已安装的逃生避难器材，具体检查内容如下：

(1) 器材是否丢失或损毁。

(2) 器材的使用说明或使用方法简图是否完好无损。

(3) 器材的绳索、编织物及橡胶制品是否出现霉蛀、老化或破损。

(4) 器材的金属部件和连接栓、支架等是否出现损伤、锈蚀或焊缝开裂等现象。

(5) 器材是否出现卡阻。

(6) 器材的紧固件有无明显松动。

(7) 自救呼吸器真空包装有无损伤、贮气袋是否出现鼓起。

(8) 器材是否超出产品有效期。

3. 处理

出现任何异常现象的逃生避难器材均应立即停用整修。整修期间应设置可救助人数不低于原有器材的逃生避难器材。

第二节　常用的逃生避难器材

逃生避难器材是一种专供火场上被困人员自救逃生或消防人员营救受难人员脱险用的有效器具。逃生避难器材品种较多，主要有逃生绳、逃生缓降器、逃生软梯等。各种逃生器具的适用范围、结构、技术性能及使用操作方法都不尽相同。平时学习、了解一些火场逃生设备的使用方法，有利于人们在遭遇火灾险境时利用其快速逃生脱险。随着科学技术的不断进步及新材料的大量涌现，更为科学、实用、高效、安全的逃生避难器材新产品也进一步被研发。

一、逃生绳

逃生绳主要采用有一定强度且耐火、耐水的麻类纤维制作而成，随着科技的进步，也逐渐采用聚丙烯、聚乙烯、聚氯乙烯等化学合成纤维材料来制作，其强度、韧性也随之提升。逃生绳是当建筑物内已烟雾弥漫，疏散通道又被烟火封锁，而身旁恰好备有逃生绳的话，那么，被困人员就可以顺绳逃生自救。

掌握逃生绳的操作方法非常重要，一方面可以在消防队员尚未到达火场时用于自救，另一方面也可以为后面尚未逃出火场的人们赢得宝贵的逃生机会。逃生绳的

具体使用操作方法是：将绳的一端结扣固定在牢固的物体上，将安全带置于腋下，并保持身体平衡后，双腿弯曲，同时蹬踏墙面，紧握橡胶件的双手通过改变方向和握力控制下滑速度。此过程应视建筑物高矮，重复此动作，切不可一滑到底，接近地面时，双腿微弯，脚尖着地，松开绳索并迅速撤离。使用时特别注意不要超过绳索荷载。

为防止发霉，平时应将逃生绳放在干燥通风的地方，但切勿长时间暴晒，以免绳索老化变脆，影响安全使用。当检查发现绳索有 2 股以上开裂时，应立即停止使用。逃生绳不能接触酸、碱物质或堆放于尖锐物体上，以防止被腐蚀或磨损，存放时应打理成盘，并露出绳索头、尾。

二、逃生缓降器

逃生缓降器是一种可供人员沿（顺）绳缓慢下降、凭借人体自身下降的重力启动、依靠下滑时产生的摩擦阻力或调整控制下降速度，使人获得缓速降落的逃生装置。它由安全钩、安全带、缓降绳索、调速器、金属连接件以及绳索卷盘等组成，部件外表光滑，无锈蚀、斑点、毛刺并进行防锈处理，绳索端头采用保护物包扎，各部件连接可靠，无变形、损伤的异常现象。作为逃生设备，可使用专用安装器具将其装在建筑物的顶层、阳台和窗口等预制部位，也可随机安装在火场增援的举高消防车上，以营救建筑高层内的受困人员。

逃生缓降器按类型通常分为两类：一是往复式缓降器，其速度控制器是固定的，绳索可上下往复使用。营救工作中，使用频率较快，人员逃生的数量和机会大大增加。二是自救式缓降器，其安全吊绳是固定的，速度控制器随逃生人员从上而下滑移，不能往复使用，下滑速度必须由人操控，一般控制在 0.16～1.5m/s 之间，控制方式可由地面或高处的人员协助控制，也可由下滑者本人来控制。

逃生缓降器的具体使用操作方法为：

① 取出缓降器，把安全钩挂于预先安装好的固定架上或任何稳固的支撑物上。

② 将绳索卷盘投向楼外地面以放开绳索。

③ 将安全带套于腋下，拉紧滑动扣至合适位置。

④ 从窗口或平台，面向墙壁跳落。

⑤ 落地后，迅速松开滑动扣，脱下安全带，离开现场。

⑥ 特殊情况，可抱或背一名儿童面向墙壁跳落。

⑦ 该器械可以上下往复连续交替使用，能在短时间内及时营救多个人的生命。

⑧ 只抓本人下降的绳索，勿抓另一根绳索。

逃生缓降器是火灾时可以从高处安全不间断且能轮换交替自救逃生的避难器，其结构简单、易操作，且场地设置条件不苛刻，具有体积小、重量轻、安全系数大、承重能力强、操作灵活、动静自如、携带方便等优点，不存在因人员误操作、零部件损坏等原因导致的快速坠落的可能性。它具有单人自救、多人他救、多次重复使用的功能，而且设置时间短，疏散人员快，是高层建筑避难求生的重要辅助方

法，目前，我国国内经检验合格的逃生缓降器最高使用高度为30m。

三、逃生软梯

逃生软梯是一种用于营救和撤离被困人员的移动式求生设备，它由钩体和梯体两大部分组成，一般为15m，宽度为0.35m，重量小于15kg，荷载可达1000kg，同时可根据建筑物的不同高度，选择是否加挂副梯。

被困人员在火场逃生中使用逃生软梯时，一定要将软梯前端的安全钩挂在不能移动的物体上，然后将梯体向外抛出垂放，使之形成一条垂直的逃生通道，是楼房火灾中人员逃生和营救的简易且有效的工具。人员在逃生时，切记保持镇静，抓紧梯身横杠，尽量使梯身垂直平稳，避免踏空。

四、柔性逃生滑道

柔性逃生滑道是一种能使多人按顺序地从高处在其内部缓慢滑降的逃生工具。滑道采用摩擦限速原理，达到降速的目的。

柔性逃生滑道的限速方式一般分为三类：一是采用粗的橡胶环进行分段限速；二是采用布置紧密的细橡胶绳圈全程限速；三是采用高分子弹性纤维制成且弹性良好的布套进行全程紧密包裹来限速。

柔性滑道在结构上分为三层：在内外两层布管之间有个防护减速层，该层由支撑带、粗的橡胶环和圆铁环组成，其中圆铁环按照一定的间隔设置，保证逃生者在布管内不会因为风大而撞上墙壁及周围突出物，并且保证逃生管下部不打结；橡胶环呈喇叭形，上大下小，既保证人员顺利通过，又能起到将下降速度控制在安全范围内的作用；四条支撑带能够承受1200kg的荷载，以保证多人同时安全逃生使用。内层布管经过抗静电处理，为导滑层，外层为防火层，由阻燃纤维材质或玻璃纤维制成，逃生滑道使用简单，无需培训，老、弱、病、残、孕、小孩均可使用，能够实现人员集体快速逃生的目的。但其缺点为橡胶容易老化，弹性受环境温度影响较大。

需要特别注意的是，柔性逃生滑道容易造成人员碰撞和踩踏，逃生者衣服上的饰物、金属物，也可能划伤滑道的内衬，下滑过程中逃生者的身体尤其是四肢容易被擦伤。

五、消防救生气垫

消防救生气垫是一种接受从高处下跳人员的充气软垫，消防救生气垫内一般都配有压缩空气充气装置，不使用时可以折叠保存。消防救生气垫有普通型和气柱型两种，普通型气垫采用风机向整个气垫内鼓风充气，使其充满空气；气柱型气垫采用铝合金内胆纤维全缠绕复合气瓶向气垫内的气柱充气，气柱内充满空气后支撑起整个气垫，以达到承接自由落下人员的目的。充气后的救生气垫就像一个很大很厚的海绵垫。当逃生者从高楼跳落到气垫时，救生气垫能大大减少人从高处落地时的

惯性冲击力，使逃生者不受伤害。它主要在消防部队安全救援且无其他任何可替代的救援方法时使用。消防救生气垫限定最大救援高度一般不会超过 16m。

消防救生气垫承接面面料一般要求具有一定的耐火性，其氧指数应不小于 26。从气源向消防救生气垫内充气开始至消防救生气垫达到施救状态的时间（充气时间）和两次施救中消防救生气垫的恢复时间（补气时间）见表 7-4。

表 7-4 消防救生气垫充气和补气时间

消防救生气垫类型	充气时间/s	补气时间/s
普通型	60	30
气柱型	30	20

消防救生气垫应按照其限定救援高度正确使用，其使用期不应超过两年，若发现异常应提前报废。

六、链式逃生器

链式火灾逃生器是一种轻型群体逃生器，它主要由承载链和多个减速器组成。根据火场的特殊情况，链式逃生器的承载链可采用常规及非常规两类方式固定，其减速器通常集中或分散存放在各楼层，使用时需将减速器挂在逃生者穿戴的安全带上，并与楼层上放下的承载链连接，减速器将以 0.8～1.0m/s 的速率将逃生者送至地面，即可实现逃生，整个逃生自救过程无需操控，老、弱、病、残、妇、幼均可使用。其承载能力大，具有较强的耐火耐高温能力，减速器具有下降速度稳定的优点，每套装置可供多人同时逃生。

链式逃生器配有回收绳供逃生者抓握，提供双重保障。同时，绳也可用于将下滑至地面的减速器回收至楼上再次使用，还可用于将集中的减速器分发给其他楼层逃生者使用。与其他缓降器相比，软轨链式逃生器承载链安装快捷，承载能力大，同时逃生人数多，下降速率稳定，不同人员的自重对其下降速度影响小，短时间内逃生人数多、不同楼层的使用者都可使用同一条承载链逃生，其抗恶劣环境的能力强，在高温、污水浸泡等状况下，依然可以正常使用。软轨链条预装在建筑物顶部，正常状态下链条可以被收起，发生火灾时链条可以与火灾报警系统联动自动放下，不会影响建筑外立面美观。从技术原理和减速方式上讲，该装置仍属于缓降器的种类。虽然该逃生器结构设计新颖，能够解决低层建筑物内人员的逃生问题，但不适用于较高楼层的建筑。

七、消防过滤式自救呼吸器

消防过滤式自救呼吸器是一种保护人体呼吸器官不受外界有毒气体伤害的专用呼吸器，由头罩和滤毒罐（采用多种优质滤毒剂）组成。它利用滤毒罐内的药剂、滤烟元件，将火场空气中的一氧化碳、氰化氢等有毒气体过滤掉，使之变为较为清

洁的空气，供逃生者呼吸用。呼吸器头罩由阻燃材料制成，能在短时间内经受住800℃的高温，具有大眼窗，在逃生时能清晰看清路线，是宾馆、办公楼、商场、银行、医院、邮电、电力、公共娱乐场所和住宅必备的个人逃生装备。

消防过滤式自救呼吸器使用方法为：当火灾发生时，立即沿着包装盒开启标志方向打开盒盖，撕开包装袋取出呼吸装置，然后沿着提带绳拔掉前后两个红色的密封塞，再将呼吸器套入头部，拉紧头带，迅速逃离火场。

第八章 火灾应急预案

编制并演练火灾应急预案是为了在单位面临突发火灾事故时，能够统一指挥，及时有效地整合人力、物力、信息等资源，迅速针对火势实施有组织的扑救，避免火灾现场的慌乱无序，防止贻误灭火时机和漏管失控，最大限度地减少人员伤亡和财产损失。《消防法》、《机关、团体、企业、事业单位消防安全管理规定》等消防法律法规中明确规定了各机关、团体、企事业单位均应制定应急疏散预案，并定期实施演练，全面提升单位内部应急处置能力，有效减少火灾事故伤亡。

第一节 火灾应急预案概述

一、应急预案的产生与发展

1. 应急预案的概念

应急预案，又称"应急计划"或"应急救援预案"，是针对可能发生的事故，为迅速、有序地开展应急行动而预先制订的有关计划或方案。应急预案明确了在事故发生之前、发生过程中以及刚刚结束之后，谁负责做什么，何时做，怎么做，以及相应的策略和资源准备等。

2. 应急预案的背景

我国在1949年以后，开始经历了单项应急预案阶段，直到2001年才开始进入综合性应急预案的编制使用阶段。

在我国的煤矿、化工厂等高危行业，一般会有相应的《事故应急救援预案》和《灾害预防及处理计划》；公安、消防、急救等负责日常突发事件应急处置的部门，都已制定各类日常突发事件应急处置预案；20世纪80年代末，国家地震局在重点危险区开展了地震应急预案的编制工作，1991年完成了《国内破坏性地震应急反应预案》编制，1996年，国务院颁布实施《国家破坏性地震应急预案》；大约在同一个时期，我国核电企业编制了《核电厂应急计划》，1996年，国防科工委牵头制定了《国家核应急计划》。

2001年开始，上海市编制了《上海市灾害事故安全处置总体预案》；2003年9月，由于SARS的影响，北京市发布了《北京防治传染性非典型肺炎应急预案》；同年7月，国务院办公厅成立突发公共事件应急预案工作小组，开始全面布置政府应急预案编制工作。2006年1月8日国家颁布了国家《国家突发公共事件总体应急预案》，同时还编制了若干专项预案和部门预案，以及若干法律法规。截至2007年年初，全国各地区、各部门、各基层单位共制定各类应急预案超过150万件。

随着2006年1月8日国务院发布的《国家突发公共事件总体应急预案》出台，我国应急预案框架体系初步形成。是否已制定应急能力及防灾减灾应急预案，标志着社会、企业、社区、家庭安全文化的基本素质的程度。作为公众中的一员，我们每个人都应具备一定的安全减灾文化素养及良好的心理素质和应急管理知识。

二、火灾应急预案的概念

为了针对设定的火灾事故的不同类型、规模及社会单位情况，合理调动分配单位内部员工组成的灭火救援力量，正确采用各种技术和手段，成功地实施灭火救援行动，最大限度地减少人员伤亡，降低财产损失，因此特别制定火灾应急预案。

火灾应急预案，是对单位火灾发生后灭火救援有关问题作出预先筹划和安排的计划安排文书，是针对单位内部可能发生的火灾，根据灭火救援的指导思想和处理原则，以及单位内部现有的消防设施和消防器材装备及单位内部员工的数量、质量、岗位情况而拟定的灭火救援应急方案。应急预案作为应对突发火灾事故的行动方案和依据，在处置事故时发挥着重要作用。

三、火灾应急预案的分类

分类编制火灾应急预案，是指预案制定单位将可能发生的火灾事故，按其不同性质和类别所制作的应急预案。分类编制火灾应急预案的目的在于，有针对性地分别研究各类火灾事故发生与发展的规律及特点，以全面加强灭火救援应急的各项准备工作。分类编制火灾应急预案的意义在于，有利于加强对此类火灾事故的情况熟悉与掌握；有利于加强内部灭火救援器材的配置与建设，以更加有效地实施各类应急处置行动。

根据火灾类型，火灾应急预案大致划分为以下六类：

（1）多层建筑类　针对具有一定规模（建筑规模由社会单位根据实际情况确定）的多层建（构）筑物，在可能发生的火灾、爆炸等灾害事故情况下所编制的应急预案。

（2）高层建筑类　针对具有一定规模（建筑规模由社会单位根据实际情况确定）的高层建（构）筑物，在可能发生的火灾、爆炸等灾害事故情况下所编制的应急预案。

（3）地下建筑类　针对具有一定规模（建筑规模由社会单位根据实际情况确

定）的地下建（构）筑物，在可能发生的火灾、爆炸等灾害事故情况下所编制的应急预案。

（4）一般的工矿企业类　针对具有一定规模（建筑规模由社会单位根据实际情况确定）的工矿企业建（构）筑物，在可能发生的火灾、爆炸等灾害事故情况下所编制的应急预案。

（5）化工类　针对生产与储存具有一定爆炸危险性的化工产品单位，在可能发生的爆炸、燃烧、有毒、其他泄漏等灾害事故情况下所编制的应急预案。

（6）其他类　针对以上五类以外的单位，在可能发生各种火灾事故的情况下，根据其规律与特点所编制的应急预案。

第二节　火灾应急预案编制

一、火灾应急预案的编制依据

火灾应急预案的编制依据主要包括三类：

（1）法规制度依据，包括消防法律法规规章、涉及消防安全的相关法律规定和本单位消防安全制度。

（2）客观依据，包括单位的基本情况、消防安全重点部位情况等。

（3）主观依据，包括员工的变化程度、消防安全素质和防火灭火技能等。

二、火灾应急预案的编制范围

主要包括消防安全重点单位、在建重点工程、其他需要制定应急预案的单位或场所。

一般单位可参照本节内容制定应急预案，并可根据单位内部实际情况予以适当调整。

三、火灾应急预案制定的程序

制定火灾应急预案的程序是指其制定的方法和步骤。一般来说，应按照以下程序进行：

1. 明确范围，明确重点部位

单位应结合单位的实际情况，确定范围，明确重点保护对象或者部位。

2. 调查研究，收集资料

制定应急预案，是一项细致而复杂的工作。为使所制定的应急预案符合客观实际，应进行大量细致的调查研究工作，要正确分析、预测单位内部发生火灾的可能性和各种险情，制定出相应的火灾扑救和应急救援对策。

3. 科学计算，确定人员力量和器材装备

通过计算，确定现场灭火和疏散人员所需要的人员力量、保障的器材装备和物资等方面的数量，为完成灭火救援应急任务提供基本依据。

4. 确定灭火救援应急行动意图

根据灾情，对灭火救援应急行动的目标、任务、手段、措施等进行总体策划和构思。其主要内容有：作战行动的目标与任务、战术与技术措施、人员部署与力量安排等。

5. 严格审核，不断充实完善

应急预案实行逐级审核制度。单位安保部门制定的应急预案必须报请单位主要领导审核，批准后方可投入使用。审核的重点应当侧重于情况设定、处置对策、人员安排部署、战术措施、技术方法、后勤保障等内容。必要时还应当组织专业技术人员充分论证并通过演练进行验证。

四、火灾应急预案的编制内容

火灾应急预案的基本内容应包括单位的基本情况、应急组织机构、火情预想、报警和接警处置程序、应急疏散的组织程序和措施、扑救初起火灾的程序和措施、通讯联络、安全防护救护的程序和措施、灭火和应急疏散计划图、注意事项等。

1. 单位基本情况

包括单位基本概况和消防安全重点部位情况，消防设施、灭火器材情况，消防组织、义务消防队人员及装备配备情况。消防安全重点单位应当将容易发生火灾或一旦发生火灾可能危及人身和财产安全以及对消防安全有重大影响的部位确定为消防安全重点部位。通过明确重点部位并分析其火灾危险，指导应急预案的制定和演练。

2. 应急组织机构

应急组织机构的设置应结合本单位的实际情况，遵循归口管理、统一指挥、讲究效率、权责对等和灵活机动的原则，包括火场指挥部、灭火行动组、疏散引导组、安全防护救护组、火灾现场警戒组、后勤保障组、机动组。

(1) 火场指挥部　确定总指挥、副总指挥成员。指挥部职责：根据方便现场指挥、通讯联络畅通、保证自身安全的原则，火场指挥部的地点可设在起火部位附近或消防控制室、电话总机室，指挥协调各职能小组和义务消防队开展工作，根据火情决定是否通知人员疏散并组织实施，及时控制和扑救火灾。公安消防队到达后，及时向指挥员报告火场内的有关情况，按照指挥员的统一部署，协调配合公安消防队开展灭火救援行动。

(2) 灭火行动组　灭火行动组由单位的志愿消防队员组成，可以进一步细化为灭火器材小组、水枪灭火小组、防火卷帘控制小组、物资疏散小组、抢险堵漏小组等。负责现场灭火、抢救被困人员、操作消防设施。

(3) 疏散引导组　引导人员疏散自救，确保人员安全快速疏散。

(4) 安全防护救护组　负责对受伤人员进行紧急救护，并视情转送医疗机构。

(5) 火灾现场警戒组　负责控制各出口，无关人员只许出不许进，火灾扑灭后保护现场。

(6) 后勤保障组　负责通讯联络，车辆调配，道路畅通，供电控制，水源保障。

(7) 机动组　受指挥部的指挥，负责增援行动。

3. 火情预想

火情预想即对单位可能发生火灾作出的有根据、符合实际的设想，是制定应急预案的重要依据。要在调查研究、科学计划的基础上，从实际出发，根据火灾特点，使之切合实际，有较强的针对性。其内容如下：

(1) 重点部位和主要起火点。同一重点部位，可假设多个起火点。

(2) 起火物品及蔓延条件，燃烧面积（范围）和主要蔓延的方向。

(3) 可能造成的危害和影响（如可燃液体的燃烧、压力容器的爆炸，结构的倒塌，人员伤亡、被困情况等），以及火情发展变化趋势，可能造成的严重后果等。

(4) 区分白天和夜间、营业期间和非营业期间。

4. 报警、接警处置程序

(1) 报警　以快捷方便为原则确定发现火灾后的报警方式。如口头报警、有线报警、无线报警等，报警的对象为“119”火警台（“三台合一”的地区为“110”指挥中心）、单位值班领导、消防控制中心等。报警时应说明以下情况：着火单位、着火部位、着火物质及有无人员被困、单位具体位置、报警电话号码、报警人姓名；同时，还要报告本单位值班领导和有关部门。

(2) 接警　单位领导接警后，启动应急预案，按预案确定内部报警的方式和疏散的范围，组织指挥初期火灾的扑救和人员疏散工作，安排力量做好警戒工作。有消防控制室的场所，值班员接到火情消息后，立即通知有关人员前往核实火情，火情核实确认后，立即报告公安消防队和值班负责人，通知灭火行动组人员前往着火层。

5. 初起火灾处置程序和措施

(1) 指挥部、各行动小组和义务消防队迅速集结，按照职责分工，进入相应位置开展灭火救援行动。

(2) 发现火灾时，起火部位现场员工应当于1min内形成灭火第一战斗力量，在第一时间内采取如下措施：灭火器材、设施附近的员工利用现场灭火器、消火栓等器材、设施灭火；电话或火灾报警按钮附近的员工打“119”电话报警、报告消防控制室或单位值班人员；安全出口或通道附近的员工负责引导人员疏散。若火势扩大，单位应当于3min内形成灭火第二战斗力量，及时采取如下措施：通讯联络组按照应急预案要求通知预案涉及的员工赶赴火场，向火场指挥员报告火灾情况，将火场指挥员的指令下达到有关员工；灭火行动组根据火灾情况利用本单位的消防器材、设施扑救火灾；疏散引导组按分工组织引导现场人员疏散；安全救护组负责协助抢救、护送受伤人员；现场警戒组阻止无关人员进入火场，维持火场秩序。

(3) 相关部位人员负责关闭空调系统和煤气总阀门，及时疏散易燃易爆化学危险物品及其他重要物品。

6. 火灾应急疏散的组织程序和措施

(1) 疏散通报 火场指挥部根据火灾的发展情况，决定发出疏散通报。通报的次序是：着火层，着火层以上各层，有可能蔓延的着火层以下的楼层。

(2) 疏散通报的方式 一是语音通报。可利用消防广播播放预先录制好的消防紧急广播录音带或由值班人员直接播报火情、介绍疏散路线及注意事项，语言通报应分别采用普通话和常用外语（英、日、韩等语种）通报，并注意稳定人员的情绪。二是警铃通报。通过警铃发出紧急通告和疏散指令。

(3) 疏散引导 一是划定安全区。根据建筑特点和周围情况，事先划定供疏散人员集结的安全区域。二是明确责任人。在疏散通道上分段安排人员指明疏散方向，查看是否有人员滞留在应急疏散的区域内，统计人员数量，稳定人员情绪。三是及时变更修正。由于公众聚集场所的现场工作人员具有一定的流动性，在预案中担负灭火和疏散救援行动的人员变化后，要及时进行调整和补充。四是突出重点。应把引导疏散作为应急预案制定和演练的重点，加强疏散引导组的力量配备。

7. 安全防护救护和通讯联络的程序及措施

(1) 建筑外围安全防护 清除路障，疏导车辆和围观群众，确保消防通道畅通；维护现场秩序，严防趁火打劫；引导消防车，协助消防车取水、灭火。

(2) 建筑首层出入口安全防护 禁止无关人员进入起火建筑；对火场中疏散的物品进行规整并严加看管；指引公安消防人员进入起火部位。

(3) 起火部位的安全防护 引导疏散人流，维护疏散秩序；阻止无关人员进入起火部位；防护好现场的消防器材、装备。

(4) 在安全区及时对受伤人员进行救治，对于危重病人及时送往医院救治。

(5) 利用电话、对讲机等建立有线、无线通讯网络，确保火场信息传递畅通。

(6) 火场指挥部、各行动组、各消防安全重点部位必须确定专人负责信息传递，保证火场指令得到及时传递、落实。

(7) 应安排专人在主要路口处接应消防车。

8. 绘制灭火和应急疏散计划图

计划图有助于指挥部在救援过程中对各小组的指挥和对事故的控制，应当力求详细准确，图文并茂，标注明确，直观明了。应针对假设部位制定灭火进攻和疏散路线平面图。平面图比例应正确，设备、物品、疏散通道、安全出口、灭火设施和器材分布位置应标注准确，假设部位及周围场所的名称应与实际相符。灭火进攻的方向，灭火装备停放位置，消防水源，物资、人员疏散路线，物资放置，人员停留地点以及指挥员位置，图中应标识明确。

9. 注意事项

(1) 参加演练的人员应当采取必要的个人防护措施。

(2) 灭火疏散阵地设置要安全，应能进能退、攻防兼备。

(3) 指挥员要密切注意火场上各种复杂情况和险情的变化，适时采取果断措施，避免伤亡。

（4）灭火救援应急行动结束后，要做好现场的清理工作。

（5）其他需要特别警示的事项。

第三节　火灾应急预案演练

火灾应急预案编制后必须经过演练的检验方可确定，基本的检验标准是能否实现预案的预期目标。各消防安全重点单位要根据单位的实际情况定期进行演练，使参加演练的每一位员工明确自己的任务和职责，通过定期培训使全体员工能熟练掌握“三懂、四会”等消防基础知识。

一、火灾应急预案演练分类

根据组织形式、演练内容、演练目的与作用等不同，火灾应急预案演练分为不同种类。

1. 按组织形式划分

分为桌面演练和实战演练。

（1）桌面演练　桌面演练是指参演人员利用地图、沙盘、流程图、计算机模拟、视频会议等辅助手段，针对事先假定的演练情景，讨论和推演应急决策及现场处置的过程，从而促进相关人员掌握应急预案中所规定的职责和程序，提高指挥决策和协同配合能力。桌面演练通常在室内完成。

（2）实战演练　实战演练是指参演人员利用应急处置涉及的设备和物资，针对事先设置的突发火灾事故情景及其后续的发展情景，通过实际决策、行动和操作，完成真实应急响应的过程，从而检验和提高相关人员的临场组织指挥、队伍调动、应急处置技能和后勤保障等应急能力。实战演练通常要在特定场所完成。

2. 按演练内容划分

分为单项演练和综合演练。

（1）单项演练　单项演练是指只涉及应急预案中特定应急响应功能或现场处置方案中一系列应急响应功能的演练活动。注重针对一个或少数几个参与单位（岗位）的特定环节和功能进行检验。

（2）综合演练　综合演练是指涉及应急预案中多项或全部应急响应功能的演练活动。注重对多个环节和功能进行检验，特别是对不同单位（部门）之间应急机制和联合应对能力的检验。

3. 按演练目的与作用划分

分为检验性演练、示范性演练和研究性演练。

（1）检验性演练　检验性演练是指为检验应急预案的可行性、应急准备的充分性、应急机制的协调性及相关人员的应急处置能力而组织的演练。

（2）示范性演练　示范性演练是指为向观摩人员展示应急能力或提供示范教

学，严格按照应急预案规定开展的表演性演练。

（3）研究性演练　研究性演练是指为研究和解决突发火灾事故应急处置的重点、难点问题，试验新方案、新技术、新装备而组织的演练。

不同类型的演练相互结合，可以形成单项桌面演练、综合桌面演练、单项实战演练、综合实战演练、示范性单项演练、示范性综合演练等。

二、火灾应急预案演练规划

演练组织单位要根据实际情况，并依据相关法律法规和应急预案的规定，制订年度应急演练规划，按照“先单项后综合、先桌面后实战、循序渐进、时空有序”等原则，合理规划应急演练的频次、规模、形式、时间、地点等。按照有关法律法规要求，消防安全重点单位应当每半年开展一次灭火和应急疏散预案的演练，其他单位应当每年开展一次灭火和应急疏散预案的演练。

演练应在相关预案确定的应急领导机构或指挥机构领导下组织开展。演练组织单位要成立由相关单位领导组成的演练领导小组，通常下设策划部、保障部和评估组；对于不同类型和规模的演练活动，其组织机构和职能可以适当调整。根据需要，可成立现场指挥部。

1. 演练领导小组

演练领导小组负责应急演练活动全过程的组织领导，审批决定演练的重大事项。演练领导小组组长一般由演练组织单位或其上级单位的负责人担任；副组长一般由演练组织单位或主要协办单位负责人担任；小组其他成员一般由各演练参与单位相关负责人担任。在演练实施阶段，演练领导小组组长、副组长通常分别担任演练总指挥、副总指挥。

2. 策划部

策划部负责应急演练策划、演练方案设计、演练实施的组织协调、演练评估总结等工作。策划部设总策划、副总策划，下设文案组、协调组、控制组、宣传组等。

（1）总策划　总策划是演练准备、演练实施、演练总结等阶段各项工作的主要组织者，一般由演练组织单位具有应急演练组织经验和突发火灾事故应急处置经验的人员担任；副总策划协助总策划开展工作，一般由演练组织单位或参与单位的有关人员担任。

（2）文案组　在总策划的直接领导下，负责制订演练计划、设计演练方案、编写演练总结报告以及演练文档归档与备案等；其成员应具有一定的演练组织经验和突发火灾事故应急处置经验。

（3）协调组　负责与演练涉及的相关单位以及本单位有关部门之间的沟通协调，其成员一般为演练组织单位及参与单位的行政、外事等部门人员。

（4）控制组　在演练实施过程中，在总策划的直接指挥下，负责向演练人员传送各类控制消息，引导应急演练进程按计划进行。其成员最好有一定的演练经验，也可以从文案组和协调组抽调，常称为演练控制人员。

（5）宣传组　负责编制演练宣传方案、整理演练信息、组织新闻媒体和开展新闻发布等。其成员一般是演练组织单位及参与单位宣传部门的人员。

3. 保障部

保障部负责调集演练所需物资装备，购置和制作演练模型、道具、场景，准备演练场地，维持演练现场秩序，保障运输车辆，保障人员生活和安全保卫等。其成员一般是演练组织单位及参与单位后勤、财务、办公室等部门人员，常称为后勤保障人员。

4. 评估组

评估组负责设计演练评估方案和编写演练评估报告，对演练准备、组织、实施及其安全事项等进行全过程、全方位评估，及时向演练领导小组、策划部和保障部提出意见、建议。其成员一般是应急管理专家、具有一定演练评估经验和突发火灾事故应急处置经验的专业人员，常称为演练评估人员。评估组可由上级或专业部门组织，也可由演练组织单位自行组织。

5. 参演队伍和人员

参演人员包括应急预案规定的有关应急管理部门（单位）工作人员、各类专兼职应急救援队伍以及志愿者队伍等。

参演人员承担具体演练任务，针对模拟火灾事故场景作出应急响应行动。有时也可使用模拟人员替代未到现场参加演练的单位人员，或模拟事故的发生过程，如释放烟雾、模拟顾客等。

三、火灾应急预案演练准备

单位在开展应急预案演练之前，应当做好下列四项准备工作。

1. 制订演练计划

演练计划由文案组编制，经策划部审查后报演练领导小组批准。主要内容包括：

（1）确定演练目的，明确举办应急演练的原因、演练要解决的问题和期望达到的效果等。

（2）分析演练需求，在对事先设定火灾事故风险及应急预案进行认真分析的基础上，确定需调整的演练人员、需锻炼的技能、需检验的设备、需完善的应急处置流程和需进一步明确的职责等。

（3）确定演练范围，根据演练需求、经费、资源和时间等条件的限制，确定演练事件类型、等级、地域、参演机构及人数、演练方式等。演练需求和演练范围往往互相影响。

（4）安排演练准备与实施的日程计划。包括各种演练文件编写与审定的期限、物资器材准备的期限、演练实施的日期等。

（5）编制演练经费预算，明确演练经费筹措渠道。

2. 设计演练方案

演练方案由文案组编写，通过评审后由演练领导小组批准，必要时还需报有关主管单位同意并备案。主要内容包括：

（1）确定演练目标　演练目标是需完成的主要演练任务及其达到的效果，一般说明“由谁在什么条件下完成什么任务，依据什么标准，取得什么效果”。演练目标应简单、具体、可量化、可实现。一次演练一般有若干项演练目标，每项演练目标都要在演练方案中有相应的事件和演练活动予以实现，并在演练评估中有相应的评估项目判断该目标的实现情况。

（2）设计演练情景与实施步骤　演练情景要为演练活动提供初始条件，还要通过一系列的情景事件引导演练活动继续，直至演练完成。演练情景包括演练场景概述和演练场景清单。

① 演练场景概述　要对每一处演练场景概要说明，主要说明火灾事故类别、发生的时间地点、发展速度、强度与危险性、受影响范围、人员和物资分布、可能造成的损失、后续发展预测、气象及其他环境条件等。

② 演练场景清单　要明确演练过程中各场景的时间顺序列表和空间分布情况。演练场景之间的逻辑关联依赖于火灾事故发展规律、控制消息和演练人员收到控制消息后应采取的行动。

（3）设计评估标准与方法　演练评估是通过观察、体验和记录演练活动，比较演练实际效果与目标之间的差异，总结演练成效和不足的过程。演练评估应以演练目标为基础。每项演练目标都要设计合理的评估项目、方法、标准。根据演练目标的不同，可以用选择项（如：是/否判断，多项选择）、主观评分（如：1—差、3—合格、5—优秀）、定量测量（如：响应时间、被困人数、获救人数）等方法进行评估。

为便于演练评估操作，通常事先设计好评估表格，包括演练目标、评估方法、评价标准和相关记录项等。有条件时还可以采用专业评估软件等工具。

（4）编写演练方案文件　演练方案文件是指导演练实施的详细工作文件。根据演练类别和规模的不同，演练方案可以编为一个或多个文件。编为多个文件时可包括演练人员手册、演练控制指南、演练评估指南、演练宣传方案、演练脚本等，分别发给相关人员。对涉密应急预案的演练或不宜公开的演练内容，还要制订保密措施。

① 演练人员手册　内容主要包括演练概述、组织机构、时间、地点、参演单位、演练目的、演练情景概述、演练现场标识、演练后勤保障、演练规则、安全注意事项、通信联系方式等，但不包括演练细节。演练人员手册可发放给所有参加演练的人员。

② 演练控制指南　内容主要包括演练情景概述、演练事件清单、演练场景说明、参演人员及其位置、演练控制规则、控制人员组织结构与职责、通信联系方式等。演练控制指南主要供演练控制人员使用。

③ 演练评估指南 内容主要包括演练情况概述、演练事件清单、演练目标、演练场景说明、参演人员及其位置、评估人员组织结构与职责、评估人员位置、评估表格及相关工具、通信联系方式等。演练评估指南主要供演练评估人员使用。

④ 演练宣传方案 内容主要包括宣传目标、宣传方式、传播途径、主要任务及分工、技术支持、通信联系方式等。

⑤ 演练脚本 对于重大综合性示范演练，演练组织单位要编写演练脚本，描述演练事件场景、处置行动、执行人员、指令与对白、视频背景与字幕、解说词等。

(5) 演练方案评审 对综合性较强、风险较大的应急演练，评估组要对文案组制订的演练方案进行评审，确保演练方案科学可行，以确保应急演练工作的顺利进行。

3. 演练动员与培训

在演练开始前要进行演练动员和培训，确保所有演练参与人员掌握演练规则、演练情景和各自在演练中的任务。

所有演练参与人员都要经过应急基本知识、演练基本概念、演练现场规则等方面的培训。对控制人员要进行岗位职责、演练过程控制和管理等方面的培训；对评估人员要进行岗位职责、演练评估方法、工具使用等方面的培训；对参演人员要进行应急预案、应急技能及个体防护装备使用等方面的培训。

4. 应急演练保障

(1) 人员保障 演练参与人员一般包括演练领导小组、演练总指挥、总策划、文案人员、控制人员、评估人员、保障人员、参演人员、模拟人员等，有时还会有观摩人员等其他人员。在演练的准备过程中，演练组织单位和参与单位应合理安排工作，保证相关人员参与演练活动的时间；通过组织观摩学习和培训，提高演练人员的素质和技能。

(2) 经费保障 演练组织单位每年要根据应急演练规划编制应急演练经费预算，纳入该单位的年度财政（财务）预算，并按照演练需要及时拨付经费。对经费使用情况进行监督检查，确保演练经费专款专用、节约高效。

(3) 场地保障 根据演练方式和内容，经现场勘察后选择合适的演练场地。桌面演练一般可选择会议室或应急指挥中心等；实战演练应选择与实际情况相似的地点，并根据需要设置指挥部、集结点、接待站、供应站、救护站、停车场等设施。演练场地应有足够的空间，良好的交通、生活、卫生和安全条件，尽量避免干扰公众生产生活。

(4) 物资和器材保障 根据需要，准备必要的演练材料、物资和器材，制作必要的模型设施等，主要包括：

① 信息材料 主要包括应急预案和演练方案的纸质文本、演示文档、图表、地图、软件等。

② 物资设备 主要包括各种应急抢险物资、特种装备、办公设备、录音摄像

设备、信息显示设备等。

③ 通信器材 主要包括固定电话、移动电话、对讲机、海事电话、传真机、计算机、无线局域网、视频通信器材和其他配套器材，尽可能使用已有通信器材。

④ 演练情景模型 搭建必要的模拟场景及装置设施。

（5）通信保障 应急演练过程中应急指挥机构、总策划、控制人员、参演人员、模拟人员等之间要有及时可靠的信息传递渠道。根据演练需要，可以采用多种公用或专用通信系统，必要时可组建演练专用通信与信息网络，确保演练控制信息的快速传递。

（6）安全保障 演练组织单位要高度重视演练组织与实施全过程的安全保障工作。大型或高风险演练活动要按规定制定专门应急预案，采取预防措施，并对关键部位和环节可能出现的突发事件进行针对性演练。根据需要为演练人员配备个体防护装备，购买商业保险。对可能影响公众生活、易于引起公众误解和恐慌的应急演练，应提前向社会发布公告，告示演练内容、时间、地点和组织单位，并做好应对方案，避免造成负面影响。

演练现场要有必要的安保措施，必要时对演练现场进行封闭或管制，保证演练安全进行。演练出现意外情况时，演练总指挥与其他领导小组成员会商后可提前终止演练。

四、火灾应急预案演练实施

应急预案的演练一般包括以下三个步骤。

1. 演练启动

演练正式启动前一般要举行简短仪式，由演练总指挥宣布演练开始并启动演练活动。

2. 演练执行

（1）演练指挥与行动

① 演练总指挥负责演练实施全过程的指挥控制。当演练总指挥不兼任总策划时，一般由总指挥授权总策划对演练过程进行控制。

② 按照演练方案要求，应急指挥机构指挥各参演队伍和人员，开展对模拟演练事件的应急处置行动，完成各项演练活动。

③ 演练控制人员应充分掌握演练方案，按总策划的要求，熟练发布控制信息，协调参演人员完成各项演练任务。

④ 参演人员根据控制消息和指令，按照演练方案规定的程序开展应急处置行动，完成各项演练活动。

⑤ 模拟人员按照演练方案要求，模拟未参加演练的单位或人员的行动，并作出信息反馈。

（2）演练过程控制 总策划负责按演练方案控制演练过程。

① 桌面演练过程控制 在讨论桌面演练中，演练活动主要是围绕对所提出问

题进行讨论。由总策划以口头或书面形式，部署引入一个或若干个问题。参演人员根据应急预案及有关规定，讨论应采取的行动。

在角色扮演或推演式桌面演练中，由总策划按照演练方案发出控制消息，参演人员接收到事件信息后，通过角色扮演或模拟操作，完成应急处置活动。

② 实战演练过程控制　在实战演练中，要通过传递控制消息来控制演练进程。总策划按照演练方案发出控制消息，控制人员向参演人员和模拟人员传递控制消息。参演人员和模拟人员接收到信息后，按照发生真实事件时的应急处置程序，或根据应急行动方案，采取相应的应急处置行动。

控制消息可由人工传递，也可以用对讲机、电话、手机、传真机、网络等方式传送，或者通过特定的声音、标志、视频等呈现。演练过程中，控制人员应随时掌握演练进展情况，并向总策划报告演练中出现的各种问题。

（3）演练解说　在演练实施过程中，演练组织单位可以安排专人对演练过程进行解说。解说内容一般包括演练背景描述、进程讲解、案例介绍、环境渲染等。对于有演练脚本的大型综合性示范演练，可按照脚本中的解说词进行讲解。

（4）演练记录　演练实施过程中，一般要安排专门人员，采用文字、照片和音像等手段记录演练过程。文字记录一般可由评估人员完成，主要包括演练实际开始与结束时间、演练过程控制情况、各项演练活动中参演人员的表现、意外情况及其处置等内容，尤其是要详细记录可能出现的人员“伤亡”（如进入“危险”场所而无安全防护，在规定的时间内不能完成疏散等）及财产“损失”等情况。

照片和音像记录可安排专业人员和宣传人员在不同现场、不同角度进行拍摄，尽可能全方位反映演练实施过程。

（5）演练宣传报道　演练宣传组按照演练宣传方案作好演练宣传报道工作。认真做好信息采集、媒体组织、广播电视节目现场采编和播报等工作，扩大演练的宣传教育效果。对涉密应急演练要做好相关保密工作。

3. 演练结束与终止

演练完毕，由总策划发出结束信号，演练总指挥宣布演练结束。演练结束后所有人员停止演练活动，按预定方案集合进行现场总结讲评或者组织疏散。保障部负责组织人员对演练现场进行清理和恢复。

演练实施过程中出现下列情况，经演练领导小组决定，由演练总指挥按照事先规定的程序和指令终止演练：

（1）出现真实突发事件，需要参演人员参与应急处置时，要终止演练，使参演人员迅速回归其工作岗位，履行应急处置职责；

（2）出现特殊或意外情况，短时间内不能妥善处理或解决时，可提前终止演练。

五、火灾应急预案演练评估与总结

应急预案演练结束后，单位还应当对演练工作进行评估、总结，根据演练工作的经验和教训，制定完善改进措施，提高演练和实战能力。

1. 演练评估

演练评估是在全面分析演练记录及相关资料的基础上，对比参演人员表现与演练目标要求，对演练活动及其组织过程作出客观评价，并编写演练评估报告的过程。所有应急演练活动都应进行演练评估。

演练结束后可通过组织评估会议、填写演练评价表和对参演人员进行访谈等方式，也可要求参演单位提供自我评估总结材料，进一步收集演练组织实施的情况。

演练评估报告的主要内容一般包括演练执行情况、预案的合理性与可操作性、应急指挥人员的指挥协调能力、参演人员的处置能力、演练所用设备装备的适用性、演练目标的实现情况、演练的成本效益分析、对完善预案的建议等。

2. 演练总结

演练总结可分为现场总结和事后总结。

(1) 现场总结　在演练的一个或所有阶段结束后，由演练总指挥、总策划、专家评估组长等在演练现场有针对性地进行讲评和总结。内容主要包括本阶段的演练目标、参演队伍及人员的表现、演练中暴露的问题、解决问题的办法等。

(2) 事后总结　在演练结束后，由文案组根据演练记录、演练评估报告、应急预案、现场总结等材料，对演练进行系统和全面的总结，并形成演练总结报告。演练参与单位也可对本单位的演练情况进行总结。

演练总结报告的内容包括：演练目的，时间和地点，参演单位和人员，演练方案概要，发现的问题与原因，经验和教训，以及改进工作的建议等。

3. 成果运用

对演练暴露出来的问题，演练单位应当及时采取措施予以改进，包括修改完善应急预案、有针对性地加强应急人员的教育和培训、对应急物资装备有计划地更新等，并建立改进任务表，按规定时间对改进情况进行监督检查。

4. 文件归档与备案

演练组织单位在演练结束后应将演练计划、演练方案、演练评估报告、演练总结报告等资料归档保存。

对于由上级有关部门布置或参与组织的演练，或者法律、法规、规章要求备案的演练，演练组织单位应当将相应资料报有关部门备案。

5. 考核与奖惩

演练组织单位要注重对演练参与单位及人员进行考核。对在演练中表现突出的单位及个人，可给予表彰和奖励；对不按要求参加演练，或影响演练正常开展的，可给予相应批评。

附录一

中华人民共和国消防法

（1998 年 4 月 29 日第九届全国人民代表大会常务委员会第二次会议通过
2008 年 10 月 28 日第十一届全国人民代表大会常务委员会第五次会议修订）

中华人民共和国主席令

第六号

《中华人民共和国消防法》已由中华人民共和国第十一届全国人民代表大会常务委员会第五次会议于 2008 年 10 月 28 日修订通过，现将修订后的《中华人民共和国消防法》公布，自 2009 年 5 月 1 日起施行。

中华人民共和国主席　胡锦涛

2008 年 10 月 28 日

目　　录

第一章　总　　则

第一条　为了预防火灾和减少火灾危害，加强应急救援工作，保护人身、财产安全，维护公共安全，制定本法。

第二条　消防工作贯彻预防为主、防消结合的方针，按照政府统一领导、部门依法监管、单位全面负责、公民积极参与的原则，实行消防安全责任制，建立健全社会化的消防工作网络。

第三条　国务院领导全国的消防工作。地方各级人民政府负责本行政区域内的消防工作。

各级人民政府应当将消防工作纳入国民经济和社会发展计划，保障消防工作与经济社会发展相适应。

第四条　国务院公安部门对全国的消防工作实施监督管理。县级以上地方人民政府公安机关对本行政区域内的消防工作实施监督管理，并由本级人民政府公安机关消防机构负责实施。军事设施的消防工作，由其主管单位监督管理，公安机关消防机构协助；矿井地下部分、核电厂、海上石油天然气设施的消防工作，由其主管单位监督管理。

县级以上人民政府其他有关部门在各自的职责范围内，依照本法和其他相关法律、法规的规定做好消防工作。

法律、行政法规对森林、草原的消防工作另有规定的，从其规定。

第五条　任何单位和个人都有维护消防安全、保护消防设施、预防火灾、报告火警的义务。任何单位和成年人都有参加有组织的灭火工作的义务。

第六条　各级人民政府应当组织开展经常性的消防宣传教育，提高公民的消防安全意识。

机关、团体、企业、事业等单位，应当加强对本单位人员的消防宣传教育。

公安机关及其消防机构应当加强消防法律、法规的宣传，并督促、指导、协助有关单位做好消防宣传教育工作。

教育、人力资源行政主管部门和学校、有关职业培训机构应当将消防知识纳入教育、教学、培训的内容。

新闻、广播、电视等有关单位，应当有针对性地面向社会进行消防宣传教育。

工会、共产主义青年团、妇女联合会等团体应当结合各自工作对象的特点，组织开展消防宣传教育。

村民委员会、居民委员会应当协助人民政府以及公安机关等部门，加强消防宣传教育。

第七条　国家鼓励、支持消防科学研究和技术创新，推广使用先进的消防和应急救援技术、设备；鼓励、支持社会力量开展消防公益活动。

对在消防工作中有突出贡献的单位和个人，应当按照国家有关规定给予表彰和奖励。

第二章　火 灾 预 防

第八条　地方各级人民政府应当将包括消防安全布局、消防站、消防供水、消防通信、消防车通道、消防装备等内容的消防规划纳入城乡规划，并负责组织实施。

城乡消防安全布局不符合消防安全要求的，应当调整、完善；公共消防设施、消防装备不足或者不适应实际需要的，应当增建、改建、配置或者进行技术改造。

第九条 建设工程的消防设计、施工必须符合国家工程建设消防技术标准。建设、设计、施工、工程监理等单位依法对建设工程的消防设计、施工质量负责。

第十条 按照国家工程建设消防技术标准需要进行消防设计的建设工程，除本法第十一条另有规定的外，建设单位应当自依法取得施工许可之日起七个工作日内，将消防设计文件报公安机关消防机构备案，公安机关消防机构应当进行抽查。

第十一条 国务院公安部门规定的大型的人员密集场所和其他特殊建设工程，建设单位应当将消防设计文件报送公安机关消防机构审核。公安机关消防机构依法对审核的结果负责。

第十二条 依法应当经公安机关消防机构进行消防设计审核的建设工程，未经依法审核或者审核不合格的，负责审批该工程施工许可的部门不得给予施工许可，建设单位、施工单位不得施工；其他建设工程取得施工许可后经依法抽查不合格的，应当停止施工。

第十三条 按照国家工程建设消防技术标准需要进行消防设计的建设工程竣工，依照下列规定进行消防验收、备案：

（一）本法第十一条规定的建设工程，建设单位应当向公安机关消防机构申请消防验收；

（二）其他建设工程，建设单位在验收后应当报公安机关消防机构备案，公安机关消防机构应当进行抽查。

依法应当进行消防验收的建设工程，未经消防验收或者消防验收不合格的，禁止投入使用；其他建设工程经依法抽查不合格的，应当停止使用。

第十四条 建设工程消防设计审核、消防验收、备案和抽查的具体办法，由国务院公安部门规定。

第十五条 公众聚集场所在投入使用、营业前，建设单位或者使用单位应当向场所所在地的县级以上地方人民政府公安机关消防机构申请消防安全检查。

公安机关消防机构应当自受理申请之日起十个工作日内，根据消防技术标准和管理规定，对该场所进行消防安全检查。未经消防安全检查或者经检查不符合消防安全要求的，不得投入使用、营业。

第十六条 机关、团体、企业、事业等单位应当履行下列消防安全职责：

（一）落实消防安全责任制，制定本单位的消防安全制度、消防安全操作规程，制定灭火和应急疏散预案；

（二）按照国家标准、行业标准配置消防设施、器材，设置消防安全标志，并定期组织检验、维修，确保完好有效；

（三）对建筑消防设施每年至少进行一次全面检测，确保完好有效，检测记录应当完整准确，存档备查；

（四）保障疏散通道、安全出口、消防车通道畅通，保证防火防烟分区、防火间距符合消防技术标准；

（五）组织防火检查，及时消除火灾隐患；

（六）组织进行有针对性的消防演练；

（七）法律、法规规定的其他消防安全职责。

单位的主要负责人是本单位的消防安全责任人。

第十七条 县级以上地方人民政府公安机关消防机构应当将发生火灾可能性较大以及发生火灾可能造成重大的人身伤亡或者财产损失的单位，确定为本行政区域内的消防安全重点单位，并由公安机关报本级人民政府备案。

消防安全重点单位除应当履行本法第十六条规定的职责外，还应当履行下列消防安全职责：

（一）确定消防安全管理人，组织实施本单位的消防安全管理工作；

（二）建立消防档案，确定消防安全重点部位，设置防火标志，实行严格管理；

（三）实行每日防火巡查，并建立巡查记录；

（四）对职工进行岗前消防安全培训，定期组织消防安全培训和消防演练。

第十八条 同一建筑物由两个以上单位管理或者使用的，应当明确各方的消防安全责任，并确定责任人对共用的疏散通道、安全出口、建筑消防设施和消防车通道进行统一管理。

住宅区的物业服务企业应当对管理区域内的共用消防设施进行维护管理，提供消防安全防范服务。

第十九条 生产、储存、经营易燃易爆危险品的场所不得与居住场所设置在同一建筑物内，并应当与居住场所保持安全距离。

生产、储存、经营其他物品的场所与居住场所设置在同一建筑物内的，应当符合国家工程建设消防技术标准。

第二十条 举办大型群众性活动，承办人应当依法向公安机关申请安全许可，制定灭火和应急疏散预案并组织演练，明确消防安全责任分工，确定消防安全管理人员，保持消防设施和消防器材配置齐全、完好有效，保证疏散通道、安全出口、疏散指示标志、应急照明和消防车通道符合消防技术标准和管理规定。

第二十一条 禁止在具有火灾、爆炸危险的场所吸烟、使用明火。因施工等特殊情况需要使用明火作业的，应当按照规定事先办理审批手续，采取相应的消防安全措施；作业人员应当遵守消防安全规定。

进行电焊、气焊等具有火灾危险作业的人员和自动消防系统的操作人员，必须持证上岗，并遵守消防安全操作规程。

第二十二条 生产、储存、装卸易燃易爆危险品的工厂、仓库和专用车站、码头的设置，应当符合消防技术标准。易燃易爆气体和液体的充装站、供应站、调压站，应当设置在符合消防安全要求的位置，并符合防火防爆要求。

已经设置的生产、储存、装卸易燃易爆危险品的工厂、仓库和专用车站、码头，易燃易爆气体和液体的充装站、供应站、调压站，不再符合前款规定的，地方人民政府应当组织、协调有关部门、单位限期解决，消除安全隐患。

第二十三条 生产、储存、运输、销售、使用、销毁易燃易爆危险品，必须执行消防技术标准和管理规定。

进入生产、储存易燃易爆危险品的场所，必须执行消防安全规定。禁止非法携带易燃易爆危险品进入公共场所或者乘坐公共交通工具。

储存可燃物资仓库的管理，必须执行消防技术标准和管理规定。

第二十四条 消防产品必须符合国家标准；没有国家标准的，必须符合行业标准。禁止生产、销售或者使用不合格的消防产品以及国家明令淘汰的消防产品。

依法实行强制性产品认证的消防产品，由具有法定资质的认证机构按照国家标准、行业标准的强制性要求认证合格后，方可生产、销售、使用。实行强制性产品认证的消防产品目录，由国务院产品质量监督部门会同国务院公安部门制定并公布。

新研制的尚未制定国家标准、行业标准的消防产品，应当按照国务院产品质量监督部门会同国务院公安部门规定的办法，经技术鉴定符合消防安全要求的，方可生产、销售、使用。

依照本条规定经强制性产品认证合格或者技术鉴定合格的消防产品，国务院公安部门消防机构应当予以公布。

第二十五条 产品质量监督部门、工商行政管理部门、公安机关消防机构应当按照各自职责加强对消防产品质量的监督检查。

第二十六条 建筑构件、建筑材料和室内装修、装饰材料的防火性能必须符合国家标准；没有国家标准的，必须符合行业标准。

人员密集场所室内装修、装饰，应当按照消防技术标准的要求，使用不燃、难燃材料。

第二十七条 电器产品、燃气用具的产品标准，应当符合消防安全的要求。

电器产品、燃气用具的安装、使用及其线路、管路的设计、敷设、维护保养、检测，必须符合消防技术标准和管理规定。

第二十八条 任何单位、个人不得损坏、挪用或者擅自拆除、停用消防设施、器材，不得埋压、圈占、遮挡消火栓或者占用防火间距，不得占用、堵塞、封闭疏散通道、安全出口、消防车通道。人员密集场所的门窗不得设置影响逃生和灭火救援的障碍物。

第二十九条 负责公共消防设施维护管理的单位，应当保持消防供水、消防通信、消防车通道等公共消防设施的完好有效。在修建道路以及停电、停水、截断通信线路时有可能影响消防队灭火救援的，有关单位必须事先通知当地公安机关消防机构。

第三十条 地方各级人民政府应当加强对农村消防工作的领导，采取措施加强公共消防设施建设，组织建立和督促落实消防安全责任制。

第三十一条 在农业收获季节、森林和草原防火期间、重大节假日期间以及火灾多发季节，地方各级人民政府应当组织开展有针对性的消防宣传教育，采取防火措施，进行消防安全检查。

第三十二条 乡镇人民政府、城市街道办事处应当指导、支持和帮助村民委员会、居民委员会开展群众性的消防工作。村民委员会、居民委员会应当确定消防安全管理人，组织制定防火安全公约，进行防火安全检查。

第三十三条 国家鼓励、引导公众聚集场所和生产、储存、运输、销售易燃易爆危险品的企业投保火灾公众责任保险；鼓励保险公司承保火灾公众责任保险。

第三十四条 消防产品质量认证、消防设施检测、消防安全监测等消防技术服务机构和执业人员，应当依法获得相应的资质、资格；依照法律、行政法规、国家标准、行业标准和执业准则，接受委托提供消防技术服务，并对服务质量负责。

第三章 消 防 组 织

第三十五条 各级人民政府应当加强消防组织建设，根据经济社会发展的需要，建立多种形式的消防组织，加强消防技术人才培养，增强火灾预防、扑救和应急救援的能力。

第三十六条 县级以上地方人民政府应当按照国家规定建立公安消防队、专职消防队，并按照国家标准配备消防装备，承担火灾扑救工作。

乡镇人民政府应当根据当地经济发展和消防工作的需要，建立专职消防队、志愿消防队，承担火灾扑救工作。

第三十七条 公安消防队、专职消防队按照国家规定承担重大灾害事故和其他以抢救人员生命为主的应急救援工作。

第三十八条 公安消防队、专职消防队应当充分发挥火灾扑救和应急救援专业力量的骨干作用；按照国家规定，组织实施专业技能训练，配备并维护保养装备器材，提高火灾扑救和应急救援的能力。

第三十九条 下列单位应当建立单位专职消防队，承担本单位的火灾扑救工作：

（一）大型核设施单位、大型发电厂、民用机场、主要港口；

（二）生产、储存易燃易爆危险品的大型企业；

（三）储备可燃的重要物资的大型仓库、基地；

（四）第一项、第二项、第三项规定以外的火灾危险性较大、距离公安消防队较远的其他大型企业；

（五）距离公安消防队较远、被列为全国重点文物保护单位的古建筑群的管理单位。

第四十条 专职消防队的建立，应当符合国家有关规定，并报当地公安机关消防机构验收。

专职消防队的队员依法享受社会保险和福利待遇。

第四十一条 机关、团体、企业、事业等单位以及村民委员会、居民委员会根据需要，建立志愿消防队等多种形式的消防组织，开展群众性自防自救工作。

第四十二条 公安机关消防机构应当对专职消防队、志愿消防队等消防组织进行业务指导；根据扑救火灾的需要，可以调动指挥专职消防队参加火灾扑救工作。

第四章 灭火救援

第四十三条 县级以上地方人民政府应当组织有关部门针对本行政区域内的火灾特点制定应急预案，建立应急反应和处置机制，为火灾扑救和应急救援工作提供人员、装备等保障。

第四十四条 任何人发现火灾都应当立即报警。任何单位、个人都应当无偿为报警提供便利，不得阻拦报警。严禁谎报火警。

人员密集场所发生火灾，该场所的现场工作人员应当立即组织、引导在场人员疏散。

任何单位发生火灾，必须立即组织力量扑救。邻近单位应当给予支援。

消防队接到火警，必须立即赶赴火灾现场，救助遇险人员，排除险情，扑灭火灾。

第四十五条 公安机关消防机构统一组织和指挥火灾现场扑救，应当优先保障遇险人员的生命安全。

火灾现场总指挥根据扑救火灾的需要，有权决定下列事项：

（一）使用各种水源；

（二）截断电力、可燃气体和可燃液体的输送，限制用火用电；

（三）划定警戒区，实行局部交通管制；

（四）利用临近建筑物和有关设施；

（五）为了抢救人员和重要物资，防止火势蔓延，拆除或者破损毗邻火灾现场的建筑物、构筑物或者设施等；

（六）调动供水、供电、供气、通信、医疗救护、交通运输、环境保护等有关单位协助灭火救援。

根据扑救火灾的安全需要，有关地方人民政府应当组织人员、调集所需物资支援灭火。

第四十六条 公安消防队、专职消防队参加火灾以外的其他重大灾害事故的应急救援工作，由县级以上人民政府统一领导。

第四十七条 消防车、消防艇前往执行火灾扑救或者应急救援任务，在确保安全的前提下，不受行驶速度、行驶路线、行驶方向和指挥信号的限制，其他车辆、船舶以及行人应当让行，不得穿插超越；收费公路、桥梁免收车辆通行费。交通管理指挥人员应当保证消防车、消防艇迅速通行。

赶赴火灾现场或者应急救援现场的消防人员和调集的消防装备、物资，需要铁路、水路或者航空运输的，有关单位应当优先运输。

第四十八条 消防车、消防艇以及消防器材、装备和设施，不得用于与消防和应急救援工作无关的事项。

第四十九条 公安消防队、专职消防队扑救火灾、应急救援，不得收取任何费用。

单位专职消防队、志愿消防队参加扑救外单位火灾所损耗的燃料、灭火剂和器材、装备等，由火灾发生地的人民政府给予补偿。

第五十条 对因参加扑救火灾或者应急救援受伤、致残或者死亡的人员，按照国家有关规定给予医疗、抚恤。

第五十一条 公安机关消防机构有权根据需要封闭火灾现场，负责调查火灾原因，统计火灾损失。

火灾扑灭后，发生火灾的单位和相关人员应当按照公安机关消防机构的要求保护现场，接受事故调查，如实提供与火灾有关的情况。

公安机关消防机构根据火灾现场勘验、调查情况和有关的检验、鉴定意见，及时制作火灾事故认定书，作为处理火灾事故的证据。

第五章 监督检查

第五十二条 地方各级人民政府应当落实消防工作责任制，对本级人民政府有关部门履行消防安全职责的情况进行监督检查。

县级以上地方人民政府有关部门应当根据本系统的特点，有针对性地开展消防安全检查，及时督促整改火灾隐患。

第五十三条 公安机关消防机构应当对机关、团体、企业、事业等单位遵守消防法律、法规的情况依法进行监督检查。公安派出所可以负责日常消防监督检查、开展消防宣传教育，具体办法由国务院公安部门规定。

公安机关消防机构、公安派出所的工作人员进行消防监督检查，应当出示证件。

第五十四条 公安机关消防机构在消防监督检查中发现火灾隐患的，应当通知有关单位或者个人立即采取措施消除隐患；不及时消除隐患可能严重威胁公共安全的，公安机关消防机构应当依照规定对危险部位或者场所采取临时查封措施。

第五十五条 公安机关消防机构在消防监督检查中发现城乡消防安全布局、公共消防设施不符合消防安全要求，或者发现本地区存在影响公共安全的重大火灾隐患的，应当由公安机关书面报告本级人民政府。

接到报告的人民政府应当及时核实情况，组织或者责成有关部门、单位采取措施，予以整改。

第五十六条 公安机关消防机构及其工作人员应当按照法定的职权和程序进行消防设计审核、消防验收和消防安全检查，做到公正、严格、文明、高效。

公安机关消防机构及其工作人员进行消防设计审核、消防验收和消防安全检查等，不得收取费用，不得利用消防设计审核、消防验收和消防安全检查谋取利益。公安机关消防机构及其工作人员不得利用职务为用户、建设单位指定或者变相指定消防产品的品牌、销售单位或者消防技术服务机构、消防设施施工单位。

第五十七条 公安机关消防机构及其工作人员执行职务，应当自觉接受社会和公民的监督。

任何单位和个人都有权对公安机关消防机构及其工作人员在执法中的违法行为进行检举、控告。收到检举、控告的机关，应当按照职责及时查处。

第六章 法律责任

第五十八条 违反本法规定，有下列行为之一的，责令停止施工、停止使用或者停产停业，并处三万元以上三十万元以下罚款：

（一）依法应当经公安机关消防机构进行消防设计审核的建设工程，未经依法审核或者审核不合格，擅自施工的；

（二）消防设计经公安机关消防机构依法抽查不合格，不停止施工的；

（三）依法应当进行消防验收的建设工程，未经消防验收或者消防验收不合格，擅自投入使用的；

（四）建设工程投入使用后经公安机关消防机构依法抽查不合格，不停止使用的；

（五）公众聚集场所未经消防安全检查或者经检查不符合消防安全要求，擅自投入使用、营业的。

建设单位未依照本法规定将消防设计文件报公安机关消防机构备案，或者在竣工后未依照本法规定报公安机关消防机构备案的，责令限期改正，处五千元以下罚款。

第五十九条 违反本法规定，有下列行为之一的，责令改正或者停止施工，并处一万元以上十万元以下罚款：

（一）建设单位要求建筑设计单位或者建筑施工企业降低消防技术标准设计、施工的；

（二）建筑设计单位不按照消防技术标准强制性要求进行消防设计的；

（三）建筑施工企业不按照消防设计文件和消防技术标准施工，降低消防施工质量的；

（四）工程监理单位与建设单位或者建筑施工企业串通，弄虚作假，降低消防施工质量的。

第六十条 单位违反本法规定，有下列行为之一的，责令改正，处五千元以上五万元以下罚款：

（一）消防设施、器材或者消防安全标志的配置、设置不符合国家标准、行业标准，或者未保持完好有效的；

（二）损坏、挪用或者擅自拆除、停用消防设施、器材的；

（三）占用、堵塞、封闭疏散通道、安全出口或者有其他妨碍安全疏散行为的；

（四）埋压、圈占、遮挡消火栓或者占用防火间距的；

（五）占用、堵塞、封闭消防车通道，妨碍消防车通行的；

（六）人员密集场所在门窗上设置影响逃生和灭火救援的障碍物的；

（七）对火灾隐患经公安机关消防机构通知后不及时采取措施消除的。

个人有前款第二项、第三项、第四项、第五项行为之一的，处警告或者五百元以下罚款。

有本条第一款第三项、第四项、第五项、第六项行为，经责令改正拒不改正的，强制执行，所需费用由违法行为人承担。

第六十一条 生产、储存、经营易燃易爆危险品的场所与居住场所设置在同一建筑物内，或者未与居住场所保持安全距离的，责令停产停业，并处五千元以上五万元以下罚款。

生产、储存、经营其他物品的场所与居住场所设置在同一建筑物内，不符合消防技术标准的，依照前款规定处罚。

第六十二条 有下列行为之一的，依照《中华人民共和国治安管理处罚法》的规定处罚：

（一）违反有关消防技术标准和管理规定生产、储存、运输、销售、使用、销毁易燃易爆危险品的；

（二）非法携带易燃易爆危险品进入公共场所或者乘坐公共交通工具的；

（三）谎报火警的；

（四）阻碍消防车、消防艇执行任务的；

（五）阻碍公安机关消防机构的工作人员依法执行职务的。

第六十三条 违反本法规定，有下列行为之一的，处警告或者五百元以下罚款；情节严重的，处五日以下拘留：

（一）违反消防安全规定进入生产、储存易燃易爆危险品场所的；

（二）违反规定使用明火作业或者在具有火灾、爆炸危险的场所吸烟、使用明火的。

第六十四条 违反本法规定，有下列行为之一，尚不构成犯罪的，处十日以上十五日以下拘留，可以并处五百元以下罚款；情节较轻的，处警告或者五百元以下罚款：

（一）指使或者强令他人违反消防安全规定，冒险作业的；

（二）过失引起火灾的；

（三）在火灾发生后阻拦报警，或者负有报告职责的人员不及时报警的；

（四）扰乱火灾现场秩序，或者拒不执行火灾现场指挥员指挥，影响灭火救援的；

（五）故意破坏或者伪造火灾现场的；

（六）擅自拆封或者使用被公安机关消防机构查封的场所、部位的。

第六十五条 违反本法规定，生产、销售不合格的消防产品或者国家明令淘汰的消防产品的，由产品质量监督部门或者工商行政管理部门依照《中华人民共和国产品质量法》的规定从重处罚。

人员密集场所使用不合格的消防产品或者国家明令淘汰的消防产品的，责令限期改正；逾期不改正的，处五千元以上五万元以下罚款，并对其直接负责的主管人员和其他直接责任人员处五百元以上二千元以下罚款；情节严重的，责令停产停业。

公安机关消防机构对于本条第二款规定的情形，除依法对使用者予以处罚外，应当将发现不合格的消防产品和国家明令淘汰的消防产品的情况通报产品质量监督部门、工商行政管理部门。产品质量监督部门、工商行政管理部门应当对生产者、销售者依法及时查处。

第六十六条 电器产品、燃气用具的安装、使用及其线路、管路的设计、敷设、维护保养、检测不符合消防技术标准和管理规定的，责令限期改正；逾期不改正的，责令停止使用，可以并处一千元以上五千元以下罚款。

第六十七条 机关、团体、企业、事业等单位违反本法第十六条、第十七条、第十八条、第二十一条第二款规定的，责令限期改正；逾期不改正的，对其直接负责的主管人员和其他直接责任人员依法给予处分或者给予警告处罚。

第六十八条 人员密集场所发生火灾，该场所的现场工作人员不履行组织、引导在场人员疏散的义务，情节严重，尚不构成犯罪的，处五日以上十日以下拘留。

第六十九条 消防产品质量认证、消防设施检测等消防技术服务机构出具虚假文件的，责令改正，处五万元以上十万元以下罚款，并对直接负责的主管人员和其他直接责任人员处一万元以上五万元以下罚款；有违法所得的，并处没收违法所得；给他人造成损失的，依法承担赔偿责任；情节严重的，由原许可机关依法责令停止执业或者吊销相应资质、资格。

前款规定的机构出具失实文件，给他人造成损失的，依法承担赔偿责任；造成重大损失的，由原许可机关依法责令停止执业或者吊销相应资质、资格。

第七十条 本法规定的行政处罚，除本法另有规定的外，由公安机关消防机构决定；其中拘留处罚由县级以上公安机关依照《中华人民共和国治安管理处罚法》的有关规定决定。

公安机关消防机构需要传唤消防安全违法行为人的，依照《中华人民共和国治安管理处罚法》的有关规定执行。

被责令停止施工、停止使用、停产停业的，应当在整改后向公安机关消防机构报告，经公安机关消防机构检查合格，方可恢复施工、使用、生产、经营。

当事人逾期不执行停产停业、停止使用、停止施工决定的，由作出决定的公安机关消防机构强制执行。

责令停产停业，对经济和社会生活影响较大的，由公安机关消防机构提出意见，并由公安机关报请本级人民政府依法决定。本级人民政府组织公安机关等部门实施。

第七十一条 公安机关消防机构的工作人员滥用职权、玩忽职守、徇私舞弊，有下列行为之一，尚不构成犯罪的，依法给予处分：

（一）对不符合消防安全要求的消防设计文件、建设工程、场所准予审核合格、消防验收合格、消防安全检查合格的；

（二）无故拖延消防设计审核、消防验收、消防安全检查，不在法定期限内履行职责的；

（三）发现火灾隐患不及时通知有关单位或者个人整改的；

（四）利用职务为用户、建设单位指定或者变相指定消防产品的品牌、销售单位或者消防技术服务机构、消防设施施工单位的；

（五）将消防车、消防艇以及消防器材、装备和设施用于与消防和应急救援无关的事项的；

（六）其他滥用职权、玩忽职守、徇私舞弊的行为。

建设、产品质量监督、工商行政管理等其他有关行政主管部门的工作人员在消防工作中滥用职权、玩忽职守、徇私舞弊，尚不构成犯罪的，依法给予处分。

第七十二条　违反本法规定，构成犯罪的，依法追究刑事责任。

第七章　附　　则

第七十三条　本法下列用语的含义：

（一）消防设施，是指火灾自动报警系统、自动灭火系统、消火栓系统、防烟排烟系统以及应急广播和应急照明、安全疏散设施等。

（二）消防产品，是指专门用于火灾预防、灭火救援和火灾防护、避难、逃生的产品。

（三）公众聚集场所，是指宾馆、饭店、商场、集贸市场、客运车站候车室、客运码头候船厅、民用机场航站楼、体育场馆、会堂以及公共娱乐场所等。

（四）人员密集场所，是指公众聚集场所，医院的门诊楼、病房楼，学校的教学楼、图书馆、食堂和集体宿舍，养老院，福利院，托儿所，幼儿园，公共图书馆的阅览室，公共展览馆、博物馆的展示厅，劳动密集型企业的生产加工车间和员工集体宿舍，旅游、宗教活动场所等。

第七十四条　本法自 2009 年 5 月 1 日起施行。

附录二 人员密集场所消防安全管理

GA 654-2006

1 范　　围

本标准提出了人员密集场所使用和管理单位的消防安全管理要求和措施。

本标准适用于各类人员密集场所及其所在建筑的消防安全管理。

2 规范性引用文件

下列文件中的条款通过本标准的引用而成为本标准的条款。凡是注日期的引用文件，其随后所有的修改单（不包括勘误的内容）或修订版均不适用于本标准，然而，鼓励根据本标准达成协议的各方研究是否可使用这些文件的最新版本。凡是不注日期的引用文件，其最新版本适用于本标准。

GB/T 5907 消防基本术语 第一部分

GB/T 14107 消防基本术语 第二部分

GB 50045 高层民用建筑设计防火规范

GB 50084 自动喷水灭火系统设计规范

GB 50098 人民防空工程设计防火规范

GB 50116 火灾自动报警系统设计规范

GB 50140 建筑灭火器配置设计规范

GB 50222 建筑内部装修设计防火规范

GBJ 16 建筑设计防火规范

JGJ 48 商店建筑设计规范

GA 503 建筑消防设施检测技术规程

GA 587 建筑消防设施的维护管理

3 术语和定义

GB/T 5907、GB/T 14107、GB 50045、GB 50084、GB 50098、GB 50116、GB 50140、GB 50222、GBJ 16、JGJ 48、GA 503、GA 587 确立的以及下列术语和定义适用于本标准。

3.1 公共娱乐场所 public entertainment occupancies

具有文化娱乐、健身休闲功能并向公众开放的室内场所。包括影剧院、录像厅、礼堂等演出、放映场所，舞厅、卡拉OK厅等歌舞娱乐场所，具有娱乐功能的夜总会、音乐茶座、酒吧和餐饮场所，游艺、游乐场所，保龄球馆、旱冰场、桑拿等娱乐、健身、休闲场所和互联网上网服务营业场所。

3.2 人员密集场所 assembly occupancies

人员聚集的室内场所。如：宾馆、饭店等旅馆，餐饮场所，商场、市场、超市等商店，体育场馆，公共展览馆、博物馆的展览厅，金融证券交易场所，公共娱乐场所，医院的门诊楼、病房楼，老年人建筑、托儿所、幼儿园，学校的教学楼、图书馆和集体宿舍，公共图书馆的阅览室，客运车站、码头、民用机场的候车、候船、候机厅（楼），人员密集的生产加工车间、员工集体宿舍等。

3.3 举高消防车作业场地 operating areas for ladder trucks

靠近建筑，供举高消防车停泊、实施灭火救援的操作场地。

3.4 专职消防队 private fire brigade

由专职灭火的人员组成，有固定消防站用房，配备消防车辆、装备、通讯器材，定期组织消防训练，能够每日24h备勤的消防组织。

3.5 志愿消防队 volunteer fire brigade

主要由志愿人员组成，有固定消防站用房，配备消防车辆、装备、通讯器材的消防组织。志愿人员有自己的主要职业、平时不在消防站备勤，能在接到火警出动信息后迅速集结，参加灭火救援。

3.6 义务消防队 dedicated crew

由本场所从业人员组成，平时开展防火宣传和检查，定期接受消防训练；发生火灾时能够实施灭火和应急疏散预案，扑救初期火灾、组织疏散人员，引导消防队到现场，协助保护火灾现场的消防组织。

3.7 火灾隐患 fire potential

可能导致火灾发生或火灾危害增大的各类潜在不安全因素。

3.8 重大火灾隐患 major fire potential

违反消防法律法规，可能导致火灾发生或火灾危害增大，并由此可能造成特大火灾事故后果和严重社会影响的各类潜在不安全因素。

4 总　　则

4.1 人员密集场所的消防安全管理应以通过有效的消防安全管理，提高其预防和控制火灾的能力，进而防止火灾发生，减少火灾危害，保证人身和财产安全为目标。

4.2 人员密集场所的消防安全管理应遵守消防法律、法规、规章（以下统称消防法规），贯彻“预防为主、防消结合”的消防工作方针，履行消防安全职责，制定消防安全制度、操作规程，提高自防自救能力，保障消防安全。

4.3 人员密集场所宜采用先进的消防技术、产品和方法，建立完善的消防安全管理体系和机制，定期开展消防安全评估，保障建筑具备经济合理的消防安全条件。

4.4 人员密集场所应落实逐级和岗位消防安全责任制，明确逐级和岗位消防安全职责，确定各级、各岗位的消防安全责任人。

4.5 实行承包、租赁或者委托经营、管理时，人员密集场所产权单位应提供符合消防安全要求的建筑物，当事人在订立相关租赁合同时，应依照有关规定明确各方的消防安全责任。

4.6 消防车通道、涉及公共消防安全的疏散设施和其他建筑消防设施应由人员密集场所产权单位或者委托管理的单位统一管理。承包、承租或者受委托经营、管理的单位应在其使用、管理范围内履行消防安全职责。

4.7 对于有两个或两个以上产权单位和使用单位的人员密集场所，除依法履行自身消防管理职责外，对消防车通道、涉及公共消防安全的疏散设施和其他建筑消防设施应明确统一管理的责任单位。

5 消防安全责任和职责

5.1 通则

5.1.1 人员密集场所的消防安全责任人应由该场所的法定代表人或者主要负责人担任。消防安全责任人可以根据需要确定本场所的消防安全管理人。承包、租赁场所的承租人是其承包、租赁范围的消防安全责任人，各部门负责人是部门消防安全责任人。

5.1.2 消防安全管理人、消防控制室值班员和消防设施操作维护人员应经过消防职业培训，持证上岗。保安人员应掌握防火和灭火的基本技能。电气焊工、电工、易燃易爆化学物品操作人员应熟悉本工种操作过程的火灾危险性，掌握消防基本知识和防火、灭火基本技能。

5.1.3 志愿和义务消防队员应掌握消防安全知识和灭火的基本技能，定期开展消防训练，火灾时应履行扑救火灾和引导人员疏散的义务。

5.2 人员密集场所产权单位、使用单位或委托管理单位的职责

5.2.1 落实消防安全责任，明确本场所的消防安全责任人和逐级消防负责人。

5.2.2 制定消防安全管理制度和保证消防安全的操作规程。

5.2.3 开展消防法规和防火安全知识的宣传教育，对从业人员进行消防安全教育和培训。

5.2.4 定期开展防火巡查、检查，及时消除火灾隐患。

5.2.5 保障疏散通道、安全出口、消防车通道畅通。

5.2.6 确定各类消防设施的操作维护人员，保障消防设施、器材以及消防安全标志完好有效，处于正常运行状态。

5.2.7 组织扑救初期火灾，疏散人员，维持火场秩序，保护火灾现场，协助火灾调查。

5.2.8 确定消防安全重点部位和相应的消防安全管理措施。

5.2.9 制定灭火和应急疏散预案，定期组织消防演练。

5.2.10 建立防火档案。

5.3 消防安全责任人职责

5.3.1 贯彻执行消防法规，保障人员密集场所消防安全符合规定，掌握本场所的消防安全情况，全面负责本场所的消防安全工作。

5.3.2 统筹安排生产、经营、科研等活动中的消防安全管理工作，批准实施年度消防工作计划。

5.3.3 为消防安全管理提供必要的经费和组织保障。

5.3.4 确定逐级消防安全责任，批准实施消防安全管理制度和保障消防安全的操作规程。

5.3.5 组织防火检查，督促整改火灾隐患，及时处理涉及消防安全的重大问题。

5.3.6 根据消防法规的规定建立专职消防队、志愿消防队或义务消防队，并配备相应的消防器材和装备。

5.3.7 针对本场所的实际情况组织制定灭火和应急疏散预案，并实施演练。

5.4 消防安全管理人职责

5.4.1 拟订年度消防安全工作计划，组织实施日常消防安全管理工作。

5.4.2 组织制订消防安全管理制度和保障消防安全的操作规程，并检查督促落实。

5.4.3 拟订消防安全工作的资金预算和组织保障方案。

5.4.4 组织实施防火检查和火灾隐患整改。

5.4.5 组织实施对本场所消防设施、灭火器材和消防安全标志的维护保养，确保其完好有效和处于正常运行状态，确保疏散通道和安全出口畅通。

5.4.6 组织管理专职消防队、志愿消防队或义务消防队，开展日常业务训练。

5.4.7 组织从业人员开展消防知识、技能的教育和培训，组织灭火和应急疏散预案的实施和演练。

5.4.8 定期向消防安全责任人报告消防安全情况，及时报告涉及消防安全的重大问题。

5.4.9 消防安全责任人委托的其他消防安全管理工作。

5.5 部门消防安全责任人职责

5.5.1 组织实施本部门的消防安全管理工作计划。

5.5.2 根据本部门的实际情况开展消防安全教育与培训，制订消防安全管理制度，落实消防安全措施。

5.5.3 按照规定实施消防安全巡查和定期检查，管理消防安全重点部位，维护管辖范围的消防设施。

5.5.4 及时发现和消除火灾隐患，不能消除的，应采取相应措施并及时向消防安全管理人报告。

5.5.5 发现火灾，及时报警，并组织人员疏散和初期火灾扑救。

5.6 消防控制室值班员职责

5.6.1 熟悉和掌握消防控制室设备的功能及操作规程，按照规定测试自动消防设施的功能，保障消防控制室设备的正常运行。

5.6.2 对火警信号应立即确认，火灾确认后应立即报火警并向消防主管人员报告，随即启动灭火和应急疏散预案。

5.6.3 对故障报警信号应及时确认，消防设施故障应及时排除，不能排除的应立即向部门主管人员或消防安全管理人报告。

5.6.4 不间断值守岗位，做好消防控制室的火警、故障和值班记录。

5.7 消防设施操作维护人员职责

5.7.1 熟悉和掌握消防设施的功能和操作规程。

5.7.2 按照管理制度和操作规程等对消防设施进行检查、维护和保养，保证消防设施和消防电源处于正常运行状态，确保有关阀门处于正确位置。

5.7.3 发现故障应及时排除，不能排除的应及时向上级主管人员报告。

5.7.4 做好运行、操作和故障记录。

5.8 保安人员职责

5.8.1 按照本单位的管理规定进行防火巡查，并做好记录，发现问题应及时报告。

5.8.2 发现火灾应及时报火警并报告主管人员，实施灭火和应急疏散预案，协助灭火救援。

5.8.3 劝阻和制止违反消防法规和消防安全管理制度的行为。

5.9 电气焊工、电工、易燃易爆化学物品操作人员职责

5.9.1 执行有关消防安全制度和操作规程，履行审批手续。

5.9.2 落实相应作业现场的消防安全措施，保障消防安全。

5.9.3 发生火灾后应立即报火警，实施扑救。

6 消防组织

6.1 消防安全职责部门、专职消防队、志愿消防队和义务消防队等应履行相应的职责。

6.2 消防安全职责部门应由消防安全责任人或消防安全管理人指定，负责管

理本场所的日常消防安全工作，督促落实消防工作计划，消除火灾隐患。

6.3　人员密集场所可以根据需要建立专职消防队或志愿消防队。

6.4　人员密集场所应组建义务消防队，义务消防队员的数量不应少于本场所从业人员数量的30％。

7　消防安全制度和管理

7.1　通则

7.1.1　人员密集场所使用、开业前依法应向公安消防机构申报的，或改建、扩建、装修和改变用途依法应报经公安消防机构审批的，应事先向当地公安消防机构申报，办理行政审批手续。

7.1.2　建筑四周不得搭建违章建筑，不得占用防火间距、消防通道、举高消防车作业场地，不得设置影响消防扑救或遮挡排烟窗（口）的架空管线、广告牌等障碍物。

7.1.3　人员密集场所不应与甲、乙类厂房、仓库组合布置及贴邻布置；除人员密集的生产加工车间外，人员密集场所不应与丙、丁、戊类厂房、仓库组合布置；人员密集的生产加工车间不宜布置在丙、丁、戊类厂房、仓库的上部。

7.1.4　人员密集场所不应擅自改变防火分区和消防设施、降低装修材料的燃烧性能等级。建筑内部装修不应改变疏散门的开启方向，减少安全出口、疏散出口的数量及其净宽度，影响安全疏散畅通。

7.1.5　设有生产车间、仓库的建筑内，严禁设置员工集体宿舍。

7.2　消防安全例会

7.2.1　人员密集场所应建立消防安全例会制度，处理涉及消防安全的重大问题，研究、部署、落实本场所的消防安全工作计划和措施。

7.2.2　消防安全例会应由消防安全责任人主持，有关人员参加，每月不宜少于一次。消防安全例会应由消防安全管理人提出议程，并应形成会议纪要或决议。

7.3　防火巡查、检查

7.3.1　人员密集场所应建立防火巡查和防火检查制度，确定巡查和检查的人员、内容、部位和频次。

7.3.2　防火巡查和检查时应填写巡查和检查记录，巡查和检查人员及其主管人员应在记录上签名。巡查、检查中应及时纠正违法违章行为，消除火灾隐患，无法整改的应立即报告，并记录存档。

7.3.3　防火巡查时发现火灾应立即报火警并实施扑救。

7.3.4　人员密集场所应进行每日防火巡查，并结合实际组织夜间防火巡查。

旅馆、商店、公共娱乐场所在营业时间应至少每2h巡查一次，营业结束后应检查并消除遗留火种。

医院、养老院及寄宿制的学校、托儿所和幼儿园应组织每日夜间防火巡查，且不应少于2次。

7.3.5 防火巡查应包括下列内容：

7.3.5.1.1 用火、用电有无违章情况；

7.3.5.1.2 安全出口、疏散通道是否畅通，有无锁闭；安全疏散指示标志、应急照明是否完好；

7.3.5.1.3 常闭式防火门是否处于关闭状态，防火卷帘下是否堆放物品；

7.3.5.1.4 消防设施、器材是否在位、完整有效。消防安全标志是否完好清晰；

7.3.5.1.5 消防安全重点部位的人员在岗情况；

7.3.5.1.6 其他消防安全情况。

7.3.6 防火检查应定期开展，各岗位应每天一次，各部门应每周一次，单位应每月一次。

A.1.1.1.1 建筑消防设施检查，应执行GA503和GA587的相关规定。

7.3.7 防火检查应包括下列内容：

7.3.7.1.1 消防车通道、消防水源；

7.3.7.1.2 安全疏散通道、楼梯，安全出口及其疏散指示标志、应急照明；

7.3.7.1.3 消防安全标志的设置情况；

7.3.7.1.4 灭火器材配置及其完好情况；

7.3.7.1.5 建筑消防设施运行情况；

7.3.7.1.6 消防控制室值班情况、消防控制设备运行情况及相关记录；

7.3.7.1.7 用火、用电有无违章情况；

7.3.7.1.8 消防安全重点部位的管理；

7.3.7.1.9 防火巡查落实情况及其记录；

7.3.7.1.10 火灾隐患的整改以及防范措施的落实情况；

7.3.7.1.11 易燃易爆危险物品场所防火、防爆和防雷措施的落实情况；

7.3.7.1.12 楼板、防火墙和竖井孔洞等重点防火分隔部位的封堵情况；

7.3.7.1.13 消防安全重点部位人员及其他员工消防知识的掌握情况。

7.4 消防宣传与培训

7.4.1 人员密集场所应通过多种形式开展经常性的消防安全宣传与培训。

7.4.2 对公众开放的人员密集场所应通过张贴图画、消防刊物、视频、网络、举办消防文化活动等形式对公众宣传防火、灭火和应急逃生等常识。

7.4.3 学校、幼儿园和托儿所应对学生、儿童进行消防知识的普及和启蒙教育，组织参观当地消防站、消防博物馆，参加消防夏令营等活动。

7.4.4 人员密集场所应至少每半年组织一次对从业人员的集中消防培训。

7.4.5 应对新上岗员工或有关从业人员进行上岗前的消防培训。

7.4.6 消防培训应包括下列内容：

7.4.6.1 有关消防法规、消防安全管理制度、保证消防安全的操作规程等；

7.4.6.2 本单位、本岗位的火灾危险性和防火措施；

7.4.6.3 建筑消防设施、灭火器材的性能、使用方法和操作规程；

7.4.6.4 报火警、扑救初起火灾、应急疏散和自救逃生的知识、技能；

7.4.6.5 本场所的安全疏散路线，引导人员疏散的程序和方法等；

7.4.6.6 灭火和应急疏散预案的内容、操作程序。

7.5 安全疏散设施管理

7.5.1 安全疏散设施管理制度的内容应明确消防安全疏散设施管理的责任部门和责任人，定期维护、检查的要求，确保安全疏散设施的管理要求。

7.5.2 安全疏散设施管理应符合下列要求：

7.5.2.1 确保疏散通道、安全出口的畅通，禁止占用、堵塞疏散通道和楼梯间；

7.5.2.2 人员密集场所在使用和营业期间疏散出口、安全出口的门不应锁闭；

7.5.2.3 封闭楼梯间、防烟楼梯间的门应完好，门上应有正确启闭状态的标识，保证其正常使用；

7.5.2.4 常闭式防火门应经常保持关闭；

7.5.2.5 需要经常保持开启状态的防火门，应保证其火灾时能自动关闭；自动和手动关闭的装置应完好有效；

7.5.2.6 平时需要控制人员出入或设有门禁系统的疏散门，应有保证火灾时人员疏散畅通的可靠措施；

7.5.2.7 安全出口、疏散门不得设置门槛和其他影响疏散的障碍物，且在其1.4m范围内不应设置台阶；

7.5.2.8 消防应急照明、安全疏散指示标志应完好、有效，发生损坏时应及时维修、更换；

7.5.2.9 消防安全标志应完好、清晰，不应遮挡；

7.5.2.10 安全出口、公共疏散走道上不应安装栅栏、卷帘门；

7.5.2.11 窗口、阳台等部位不应设置影响逃生和灭火救援的栅栏；

7.5.2.12 在旅馆、餐饮场所、商店、医院、公共娱乐场等各楼层的明显位置应设置安全疏散指示图，指示图上应标明疏散路线、安全出口、人员所在位置和必要的文字说明；

7.5.2.13 举办展览、展销、演出等大型群众性活动，应事先根据场所的疏散能力核定容纳人数。活动期间应对人数进行控制，采取防止超员的措施。

7.6 消防设施管理

7.6.1 人员密集场所应建立消防设施管理制度，其内容应明确消防设施管理的责任部门和责任人，消防设施的检查内容和要求，消防设施定期维护保养的要求。

7.6.2 消防设施管理应符合下列要求：

7.6.2.1 消火栓应有明显标识；

7.6.2.2 室内消火栓箱不应上锁，箱内设备应齐全、完好；

7.6.2.3 室外消火栓不应埋压、圈占；距室外消火栓、水泵接合器 2.0m 范围内不得设置影响其正常使用的障碍物；

7.6.2.4 展品、商品、货柜，广告箱牌，生产设备等的设置不得影响防火门、防火卷帘、室内消火栓、灭火剂喷头、机械排烟口和送风口、自然排烟窗、火灾探测器、手动火灾报警按钮、声光报警装置等消防设施的正常使用；

7.6.2.5 应确保消防设施和消防电源始终处于正常运行状态；需要维修时，应采取相应的措施，维修完成后，应立即恢复到正常运行状态；

7.6.2.6 按照消防设施管理制度和相关标准定期检查、检测消防设施，并做好记录，存档备查；

7.6.2.7 自动消防设施应按照有关规定，每年委托具有相关资质的单位进行全面检查测试，并出具检测报告，送当地公安消防机构备案。

7.6.3 消防控制室管理应明确值班人员的职责，应制订每日 24h 值班制度和交接班的程序与要求以及设备自检、巡检的程序与要求。

7.6.4 消防控制值班室内不得堆放杂物，应保证其环境满足设备正常运行的要求；应具备消防设施平面布置图、完整的消防设施设计、施工和验收资料、灭火和应急疏散预案等。

7.6.5 消防控制室值班记录应完整，字迹清晰，保存完好。

7.7 火灾隐患整改

7.7.1 因违反或不符合消防法规而导致的各类潜在不安全因素，应认定为火灾隐患。

7.7.2 发现火灾隐患应立即改正，不能立即改正的，应报告上级主管人员。

7.7.3 消防安全管理人或部门消防安全责任人应组织对报告的火灾隐患进行认定，并对整改完毕的进行确认。

7.7.4 明确火灾隐患整改责任部门、责任人、整改的期限和所需经费来源。

7.7.5 在火灾隐患整改期间，应采取相应措施，保障安全。

7.7.6 对公安消防机构责令限期改正的火灾隐患和重大火灾隐患，应在规定的期限内改正，并将火灾隐患整改复函送达公安消防机构。

7.7.7 重大火灾隐患不能立即整改的，应自行将危险部位停产停业整改。

7.7.8 对于涉及城市规划布局而不能自身解决的重大火灾隐患，应提出解决方案并及时向其上级主管部门或当地人民政府报告。

7.8 用电防火安全管理

7.8.1 人员密集场所应建立用电防火安全管理制度，并应明确下列内容：

7.8.1.1 明确用电防火安全管理的责任部门和责任人；

7.8.1.2 电气设备的采购要求；

7.8.1.3 电气设备的安全使用要求；

7.8.1.4 电气设备的检查内容和要求；

7.8.1.5 电气设备操作人员的岗位资格及其职责要求。

7.8.2　用电防火安全管理应符合下列要求：

7.8.2.1　采购电气、电热设备，应选用合格产品，并应符合有关安全标准的要求；

7.8.2.2　电气线路敷设、电气设备安装和维修应由具备职业资格的电工操作；

7.8.2.3　不得随意乱接电线，擅自增加用电设备；

7.8.2.4　电器设备周围应与可燃物保持0.5m以上的间距；

7.8.2.5　对电气线路、设备应定期检查、检测，严禁长时间超负荷运行；

7.8.2.6　商店、餐饮场所、公共娱乐场所营业结束时，应切断营业场所的非必要电源。

7.9　用火、动火安全管理

7.9.1　人员密集场所应建立用火、动火安全管理制度，并应明确用火、动火管理的责任部门和责任人，用火、动火的审批范围、程序和要求以及电气焊工的岗位资格及其职责要求等内容。

7.9.2　用火、动火安全管理应符合下列要求：

7.9.2.1　需要动火施工的区域与使用、营业区之间应进行防火分隔；

7.9.2.2　电气焊等明火作业前，实施动火的部门和人员应按照制度规定办理动火审批手续，清除易燃可 燃物，配置灭火器材，落实现场监护人和安全措施，在确认无火灾、爆炸危险后方可动火施工；

7.9.2.3　商店、公共娱乐场所禁止在营业时间进行动火施工；

7.9.2.4　演出、放映场所需要使用明火效果时，应落实相关的防火措施；

7.9.2.5　人员密集场所不应使用明火照明或取暖，如特殊情况需要时应有专人看护；

7.9.2.6　炉火、烟道等取暖设施与可燃物之间应采取防火隔热措施；

7.9.2.7　旅馆、餐饮场所、医院、学校等厨房的烟道应至少每季度清洗一次；

7.9.2.8　厨房燃油、燃气管道应经常检查、检测和保养。

7.10　易燃易爆化学物品管理

7.10.1　应明确易燃易爆化学物品管理的责任部门和责任人。

7.10.2　人员密集场所严禁生产、储存易燃易爆化学物品。

7.10.3　人员密集场所需要使用易燃易爆化学物品时，应根据需要限量使用，存储量不应超过一天的使用量，且应由专人管理、登记。

7.11　消防安全重点部位管理

7.11.1　人员集中的厅（室）以及储油间、变配电室、锅炉房、厨房、空调机房、资料库、可燃物品仓库、化学实验室等应确定为消防安全重点部位，并明确消防安全管理的责任部门和责任人。

7.11.2　应根据实际需要配备相应的灭火器材、装备和个人防护器材。

7.11.3　应制定和完善事故应急处置操作程序。

7.11.4　应列入防火巡查范围，作为定期检查的重点。

7.12 消防档案

7.12.1 应建立消防档案管理制度，其内容应明确消防档案管理的责任部门和责任人，消防档案的制作、使用、更新及销毁的要求。

7.12.2 消防档案管理应符合下列要求：

7.12.2.1 按照有关规定建立纸质消防档案，并宜同时建立电子档案；

7.12.2.2 消防档案应包括消防安全基本情况、消防安全管理情况、灭火和应急疏散预案；

7.12.2.3 消防档案内容应详实，全面反映消防工作的基本情况，并附有必要的图纸、图表；

7.12.2.4 消防档案应由专人统一管理，按档案管理要求装订成册。

7.12.3 消防安全基本情况应包括下列内容：

7.12.3.1 基本概况和消防安全重点部位情况；

7.12.3.2 所在建筑消防设计审核、消防验收以及场所使用或者开业前消防安全检查的许可文件和相关资料；

7.12.3.3 消防组织和各级消防安全责任人；

7.12.3.4 消防安全管理制度和保证消防安全的操作规程；

7.12.3.5 消防设施、灭火器材配置情况；

7.12.3.6 专职消防队、志愿消防队、义务消防队人员及其消防装备配备情况；

7.12.3.7 消防安全管理人、自动消防设施操作人员、电气焊工、电工、易燃易爆化学物品操作人员的基本情况；

7.12.3.8 新增消防产品、防火材料的合格证明材料。

7.12.4 消防安全管理情况应包括下列内容：

7.12.4.1 消防安全例会纪要或决定；

7.12.4.2 公安消防机构填发的各种法律文书；

7.12.4.3 消防设施定期检查记录、自动消防设施全面检查测试的报告以及维修保养记录；

7.12.4.4 火灾隐患、重大火灾隐患及其整改情况记录；

7.12.4.5 防火检查、巡查记录；

7.12.4.6 有关燃气、电气设备检测等记录资料；

7.12.4.7 消防安全培训记录；

7.12.4.8 灭火和应急疏散预案的演练记录；

7.12.4.9 火灾情况记录；

7.12.4.10 消防奖惩情况记录。

8 消防安全措施

8.1 通则

8.1.1 设置在多种用途建筑内的人员密集场所，应采用耐火极限不低于1.0h的楼板和2.0h的隔墙与其他部位隔开，并应满足各自不同工作或使用时间对安全疏散的要求。

8.1.2 设有人员密集场所的建筑内的疏散楼梯宜通至屋面，且宜在屋面设置辅助疏散设施。

8.1.3 营业厅、展览厅等大空间疏散指示标志的布置，应保证其指向最近的疏散出口，并使人员在走道上任何位置都能看见和识别。

8.1.4 防火巡查宜采用电子寻更设备。

8.1.5 设有消防控制室的人员密集场所或其所在建筑，其火灾自动报警和控制系统宜接入城市火灾报警网络监控中心。

8.1.6 除国家标准规定外，其他人员密集场所需要设置自动喷水灭火系统时，可按GB 50084的规定设置自动喷水灭火局部应用系统或简易自动喷水灭火系统。

8.1.7 除国家标准规定外，其他人员密集场所需要设置火灾自动报警系统时，可设置点式火灾报警设备。

8.1.8 学校、医院、超市、娱乐场所等人员密集场所需要控制人员随意出入的安全出口、疏散门，或设有门禁系统的，应保证火灾时不需使用钥匙等任何工具即能易于从内部打开，并应在显著位置设置“紧急出口”标识和使用提示。可以根据实际需要选用以下方法：

A.1.1.1.2——设置报警延迟时间不应超过15s的安全控制与报警逃生门锁系统。

A.1.1.1.3——设置能与火灾自动报警系统联动，且具备远程控制和现场手动开启装置的电磁门锁装置。

A.1.1.1.4——设置推闩式外开门。

8.2 旅馆

8.2.1 高层旅馆的客房内应配备应急手电筒、防烟面具等逃生器材及使用说明，其他旅馆的客房内宜配备应急手电筒、防烟面具等逃生器材及使用说明。

8.2.2 客房内应设置醒目、耐久的“请勿卧床吸烟”提示牌和楼层安全疏散示意图。

8.2.3 客房层应按照有关建筑火灾逃生器材及配备标准设置辅助疏散、逃生设备，并应有明显的标志。

8.3 商店

8.3.1 商店（市场）建筑物之间不应设置连接顶棚，当必须设置时应符合下列要求：

8.3.1.1 消防车通道上部严禁设置连接顶棚；

8.3.1.2 顶棚所连接的建筑总占地面积不应超过2500m^2；

8.3.1.3 顶棚下面不应设置摊位，堆放可燃物；

8.3.1.4 顶棚材料的燃烧性能不应低于B1级；

8.3.1.5 顶棚四周应敞开，其高度应高出建筑檐口 1.0m 以上。

8.3.2 商店的仓库应采用耐火极限不低于 3.0h 的隔墙与营业、办公部分分隔，通向营业厅的门应为甲级防火门。

8.3.3 营业厅内的柜台和货架应合理布置，疏散走道设置应符合 JGJ 48 的规定，并应符合下列要求：

8.3.3.1 营业厅内的主要疏散走道应直通安全出口；

8.3.3.2 主要疏散走道的净宽度不应小于 3.0m，其他疏散走道净宽度不应小于 2.0m；当一层的营业厅建筑面积小于 $500m^2$ 时，主要疏散走道的净宽度可为 2.0m，其他疏散走道净宽度可为 1.5m；

8.3.3.3 疏散走道与营业区之间应在地面上应设置明显的界线标识；

8.3.3.4 营业厅内任何一点至最近安全出口的直线距离不宜大于 30m，且行走距离不应大于 45m。

8.3.4 营业厅内设置的疏散指示标志应符合下列要求：

8.3.4.1 应在疏散走道转弯和交叉部位两侧的墙面、柱面距地面高度 1.0m 以下设置灯光疏散指示标志；确有困难时，可设置在疏散走道上方 2.2～3.0m 处；疏散指示标志的间距不应大于 20m；

8.3.4.2 灯光疏散指示标志的规格不应小于 0.85m×0.30m，当一层的营业厅建筑面积小于 $500m^2$ 时，疏散指示标志的规格不应小于 0.65m×0.25m；

8.3.4.3 疏散走道的地面上应设置视觉连续的蓄光型辅助疏散指示标志。

8.3.5 营业厅的安全疏散不应穿越仓库。当必须穿越时，应设置疏散走道，并采用耐火极限不低于 2.0h 的隔墙与仓库分隔。

8.3.6 营业厅内食品加工区的明火部位应靠外墙布置，并应采用耐火极限不低于 2.0h 的隔墙与其他部位分隔。敞开式的食品加工区应采用电能加热设施，不应使用液化石油气作燃料。

8.3.7 防火卷帘门两侧各 0.5m 范围内不得堆放物品，并应用黄色标识线划定范围。

8.4 公共娱乐场所

8.4.1 公共娱乐场所的外墙上应在每层设置外窗（含阳台），其间隔不应大于 15.0m；每个外窗的面积不应小于 $1.5m^2$，且其短边不应小于 0.8m，窗口下沿距室内地坪不应大于 1.2m。

8.4.2 使用人数超过 20 人的厅、室内应设置净宽度不小于 1.1m 的疏散走道，活动座椅应采用固定措施。

8.4.3 休息厅、录像放映室、卡拉 OK 室内应设置声音或视像警报，保证在火灾发生初期，将其画面、音响切换到应急广播和应急疏散指示状态。

8.4.4 各种灯具距离周围窗帘、幕布、布景等可燃物不应小于 0.50m。

8.4.5 在营业时间和营业结束后，应指定专人进行消防安全检查，清除烟蒂等火种。

8.5 学校

8.5.1 图书馆、教学楼、实验楼和集体宿舍的公共疏散走道、疏散楼梯间不应设置卷帘门、栅栏等影响安全疏散的设施。

8.5.2 集体宿舍严禁使用蜡烛、电炉等明火；当需要使用炉火采暖时，应设专人负责，夜间应定时进行防火巡查。

8.5.3 每间集体宿舍均应设置用电超载保护装置。

8.5.4 集体宿舍应设置醒目的消防设施、器材、出口等消防安全标志。

8.6 医院的病房楼、托儿所、幼儿园

8.6.1 病房楼内严禁使用液化石油气罐。

8.6.2 托儿所、幼儿园的儿童用房及儿童游乐厅等儿童活动场所不应使用明火取暖、照明，当必须使用时，应采取防火、防护措施，设专人负责；厨房、烧水间应单独设置。

8.7 体育场馆、展览馆、博物馆的展览厅等场所

8.7.1 临时举办活动时，应制定相应消防安全预案，明确消防安全责任人；大型演出或比赛等活动期间，配电房、控制室等部位须有专人值班。

8.7.2 需要搭建临时建筑时，应采用燃烧性能不低于 B1 级的材料。临时建筑与周围建筑的间距不应小于 6.0m。

8.7.3 展厅等场所内的主要疏散走道应直通安全出口，其净宽度不应小于 4.0m，其他疏散走道净宽度不应小于 2.0m。

8.8 人员密集的生产加工车间、员工集体宿舍

8.8.1 生产车间内应保持疏散通道畅通，通向疏散出口的主要疏散走道的净宽度不应小于 2.0m，其他疏散走道净宽度不应小于 1.5m，且走道地面上应划出明显的标示线。

8.8.2 车间内中间仓库的储量不应超过一昼夜的使用量。生产过程中的原料、半成品、成品应集中摆放，机电设备、消防设施周围 0.5m 的范围内不得堆放可燃物。

8.8.3 生产加工中使用电熨斗等电加热器具时，应固定使用地点，并采取可靠的防火措施。

8.8.4 应按操作规程定时清除电气设备及通风管道上的可燃粉尘、飞絮。

8.8.5 生产加工车间、员工集体宿舍不应擅自拉接电气线路、设置炉灶。

8.8.6 员工集体宿舍隔墙的耐火极限不应低于 1.0h，且应砌至梁、板底。

9 灭火和应急疏散预案编制和演练

9.1 预案

9.1.1 单位应根据人员集中、火灾危险性较大和重点部位的实际情况，制订有针对性的灭火和应急疏散预案。

9.1.2 预案应包括下列内容：

9.1.2.1　明确火灾现场通信联络、灭火、疏散、救护、保卫等任务的负责人。规模较大的人员密集场所应由专门机构负责，组建各职能小组。并明确负责人、组成人员及其职责；

9.1.2.2　火警处置程序；

9.1.2.3　应急疏散的组织程序和措施；

9.1.2.4　扑救初起火灾的程序和措施；

9.1.2.5　通信联络、安全防护和人员救护的组织与调度程序和保障措施。

9.2　组织机构

9.2.1　消防安全责任人或消防安全管理人担负公安消防队到达火灾现场之前的指挥职责，组织开展灭火和应急疏散等工作。规模较大的单位可以成立火灾事故应急指挥机构。

9.2.2　灭火和应急疏散各项职责应由当班的消防安全管理人、部门主管人员、消防控制室值班人员、保安人员、义务消防队承担。规模较大的单位可以成立各职能小组，由消防安全管理人、部门主管人员、消防控制室值班人员、保安人员、义务消防队及其他在岗的从业人员组成。主要职责如下：

A.1.1.1.5——通信联络：负责与消防安全责任人和当地公安消防机构之间的通讯和联络；

A.1.1.1.6——灭火：发生火灾立即利用消防器材、设施就地进行火灾扑救；

A.1.1.1.7——疏散：负责引导人员正确疏散、逃生；

A.1.1.1.8——救护：协助抢救、护送受伤人员；

A.1.1.1.9——保卫：阻止与场所无关人员进入现场，保护火灾现场，并协助公安消防机构开展火灾调查；

A.1.1.1.10——后勤：负责抢险物资、器材器具的供应及后勤保障。

9.3　预案实施程序

当确认发生火灾后，应立即启动灭火和应急疏散预案，并同时开展下列工作：

A.1.1.1.11——向公安消防机构报火警；

A.1.1.1.12——当班人员执行预案中的相应职责；

A.1.1.1.13——组织和引导人员疏散，营救被困人员；

A.1.1.1.14——使用消火栓等消防器材、设施扑救初起火灾；

A.1.1.1.15——派专人接应消防车辆到达火灾现场；

A.1.1.1.16——保护火灾现场，维护现场秩序。

9.4　预案的宣贯和完善

9.4.1　应定期组织员工熟悉灭火和应急疏散预案，并通过预案演练，逐步修改完善。

9.4.2　地铁、高度超过100m的多功能建筑等，应根据需要邀请有关专家对灭火和应急疏散预案进行评估、论证。

9.5　消防演练

9.5.1　目的

9.5.1.1　检验各级消防安全责任人、各职能组和有关人员对灭火和应急疏散预案内容、职责的熟悉程度。

9.5.1.2　检验人员安全疏散、初期火灾扑救、消防设施使用等情况。

9.5.1.3　检验本单位在紧急情况下的组织、指挥、通讯、救护等方面的能力。

9.5.1.4　检验灭火应急疏散预案的实用性和可操作性。

9.5.2　组织

9.5.2.1　旅馆、商店、公共娱乐场所应至少每半年组织一次消防演练，其他场所应至少每年组织一次。

9.5.2.2　宜选择人员集中、火灾危险性较大和重点部位作为消防演练的目标，根据实际情况，确定火灾模拟形式。

9.5.2.3　消防演练方案可以报告当地公安消防机构，争取其业务指导。

9.5.2.4　消防演练前，应通知场所内的从业人员和顾客或使用人员积极参与；消防演练时，应在建筑入口等显著位置设置“正在消防演练”的标志牌，进行公告。

9.5.2.5　消防演练应按照灭火和应急疏散预案实施。

9.5.2.6　模拟火灾演练中应落实火源及烟气的控制措施，防止造成人员伤害。

9.5.2.7　地铁、高度超过 100m 的多功能建筑等，应适时与地公安消防队组织联合消防演练。

9.5.2.8　演练结束后，应将消防设施恢复到正常运行状态，做好记录，并及时进行总结。

10　火灾事故处置与善后

10.1　确认火灾发生后，起火单位应立即启动灭火和应急疏散预案，通知建筑内所有人员立即疏散，实施初期火灾扑救，并报火警。

10.2　火灾发生后，受灾单位应保护火灾现场。公安消防机构划定的警戒范围是火灾现场保护范围；尚未划定时，应将火灾过火范围以及与发生火灾有关的部位划定为火灾现场保护范围。

10.3　未经公安消防机构允许，任何人不得擅自进入火灾现场保护范围内，不得擅自移动火场中的任何物品。

10.4　未经公安消防机构同意，任何人不得擅自清理火灾现场。

10.5　有关单位应接受事故调查，如实提供火灾事故情况，查找有关人员，协助火灾调查。

10.6　有关单位应做好火灾伤亡人员及其亲属的安排、善后事宜。

10.7　火灾调查结束后，有关单位应总结火灾事故教训，改进消防安全管理。

参 考 文 献

[1] 张家忠．消防管理实训教程［M］．北京：中国人民公安大学出版社，2012．

[2] 郑端文．消防安全管理［M］．北京：化学工业出版社，2009．

[3] 王精忠等．消防管理教程［M］．北京：中国人民公安大学出版社，2011．

[4] 诸德志．火灾预防与火场逃生［M］．南京：东南大学出版社，2013．

[5] 周白霞．火灾险情预防与救助［M］．北京：中国环境出版社，2013．

[6] 公安部消防局．消防安全技术实务［M］．北京：机械工业出版社，2017．

[7] 公安部消防局．消防安全技术综合能力［M］．北京：机械工业出版社，2017．

[8] 河南省公安消防总队．社会单位消防安全技术指南［M］．北京：中国人民公安大学出版社，2012．

[9] 李经明，商红松．火灾事故分析及预防对策研究［J］．消防科学与技术，2012，(2)：214-218．

[10] 叶军．消防技术标准冲突适用原则探讨［J］．消防技术与产品信息，2010，(11)：39-40．

[11] 陈亚锋，王刚．从枣庄市“5・20”重大火灾调查谈儿童玩火火灾原因的认定［J］．消防技术与产品信息，2007，(12)：70-73．

[12] 董海友．某儿童玩火引发火灾的事故调查［J］．中国公共安全（学术版)，2012，(4)：128-131．

[13] 平安．燃放烟花爆竹之消防安全［J］．安全与健康，2011，(3)：34．

[14] 郭克河，刘正勤．洛阳东都商厦“12．25”特大火灾事故的调查与人员死亡原因分析［C］．2003 火灾科学与消防工程国际学术会议：680-682．

[15] 黄朝军．浅析雷电的形成机理及预防［J］．科技信息（科学教研)，2007，(25)：9．

[16] 王彦．雷电的火灾危险性及防雷技术［J］．消防科学与技术，2004，(S1)：66-68．

[17] 张广勇．浅谈静电的危害及防治措施［J］．中国领导科学，2016，(S1)：96-97．

[18] GB 13495．1—2015《消防安全标志第 1 部分：标志》［S］．

[19] 中华人民共和国主席令第六号．中华人民共和国消防法．

[20] 公安部令第 39 号．公共娱乐场所消防安全管理规定．

[21] 公安部令第 61 号．机关、团体、企业、事业单位消防安全管理规定．

[22] 国务院第 455 号令．烟花爆竹安全管理条例．

[23] 于永．简述城市大型商场的火灾预防及救援［J］．消防界（电子版)，2017，(1)：77-79．

[24] 苗得雨．高层建筑火灾的现状分析及预防措施［J］．江西化工，2017，(4)：186-187．

[25] 范立刚，李鑫．一起居民住宅较大亡人火灾事故的调查与分析［J］．消防科学与技术，2016，(3)：433-436．

[26] 岳星．高层建筑火灾扑救及人员疏散浅析［J］．消防界（电子版)，2017，(4)：42．

(a) 地上式消火栓

(b) 地下式消火栓

(c) 室外直埋伸缩式消火栓

彩图5-4　室外消火栓类型

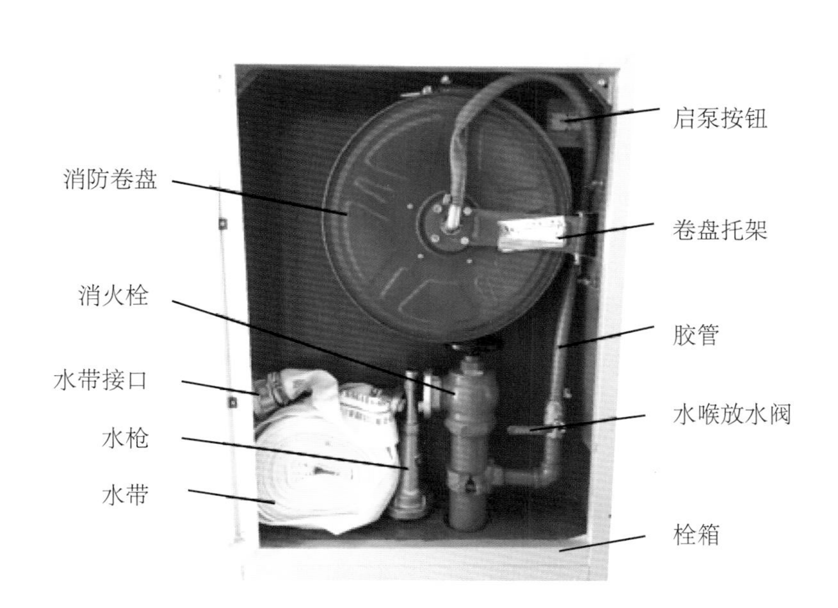

彩图5-5　室内消火栓箱设备的构成

表6-1 火灾报警装置标志

编　号	标　志	名　称	说　明
1.1		消防按钮 FIRE CALL POINT	指示火灾报警按钮和消防设备启动按钮的位置。 需指示消防按钮方位时，应与编号5.2标志组合使用
1.2		发声警报器 FIRE ALARM	指示发声警报器的位置
1.3		火警电话 FIRE ALARM TELEPHONE	指示火警电话的位置和号码。 需指示火警电话方位时，应与编号5.2标志组合使用
1.4		消防电话 FIRE TELEPHONE	指示火灾报警系统中消防电话及插孔的位置。 需指示消防电话方位时，应与编号5.2标志组合使用

表6-2 紧急疏散逃生标志

编　号	标　志	名　称	说　明
2.1		安全出口 EXIT	提示通往安全场所的疏散出口。 根据到达出口的方向，可选用向左或向右的编制。需指示安全出口的方位时，应与编号5.1标志组合使用

续表

2.2		滑动开门 SLIDE	提示滑动门的位置及方向
2.3		推开 PUSH	提示门的推开方向
2.4		拉开 PULL	提示门的拉开方向
2.5		击碎板面 BREAK TO OBTAIN ACCESS	提示需击碎板面才能取到钥匙、工具操作应急设备或开启紧急逃生出口
2.6		逃生梯 ESCAPE LADDER	提示固定安装的逃生梯的位置。需提示逃生梯的方位时，应与编号5.1标志组合使用

表6-3 灭火设备标志

编 号	标 志	名 称	说 明
3. 1		灭火设备 FIRE-FIGHTING EQUIPMENT	标示灭火设备集中存放的位置。需指示灭火设备的方位时，应与编号5. 2标志组合使用
3. 2	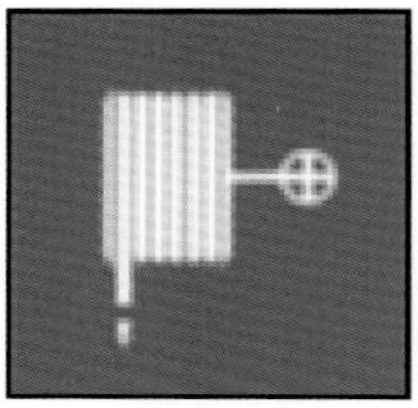	消防软管卷盘 FIRE HOSE REEL	标示消防软管卷盘、消火栓箱、消防水带的位置。需指示消防软管卷盘、消火栓箱、消防水带的方位时，应与编号5. 2标志组合使用
3. 3		地下消火栓 UNDER-GROUND FIRE HYDRANT	标示地下消火栓的位置。需指示地下消火栓的方位时，应与编号5. 2标志组合使用
3. 4		地上消火栓 OVER-GROUND FIRE HYDRANT	标示地上消火栓的位置。需指示地上消火栓的方位时，应与编号5. 2标志组合使用

续表

3.5		消防水泵接合器 SIAMESE CONNECTION	标示消防水泵接合器的位置。 需指示消防水泵接合器的方位时，应与编号5.2标志组合使用
3.6		手提式灭火器 PORTABLE FIRE EXTINGUISHER	标示手提式灭火器的位置。 需指示手提式灭火器的方位时，应与编号5.2标志组合使用
3.7		推车式灭火器 WHEELED FIRE EXTINGUISHER	标示推车式灭火器的位置。 需指示推车式灭火器的方位时，应与编号5.2标志组合使用
3.8		消防炮 FIRE MONITOR	标示消防炮的位置。 需指示消防炮的方位时，应与编号5.2标志组合使用

表6-4 禁止和警告标志

编号	标志	名称	说明
4.1		禁止吸烟 NO SMOKING	表示禁止吸烟
4.2		禁止烟火 NO BURNING	表示禁止吸烟或各种形式的明火
4.3		禁止放易燃物 NO FLAMMABLE MATERIALS	表示禁止存放易燃物
4.4		禁止燃放鞭炮 NO FIREWORKS	表示禁止燃放鞭炮或焰火
4.5		禁止用水灭火 DO NOT EXTINGUISH WITH WATER	表示禁止用水作灭火剂或用水灭火

4.6		禁止阻塞 DO NOT OBSTRUCT	表示禁止阻塞的特定区域（如疏散通道）
4.7		禁止锁闭 DO NOT LOCK	表示禁止锁闭的指定部位（如疏散通道和安全出口的门）
4.8		当心易燃物 WARNING: FLAMMABLE MATERIAL	警示来自易燃物质的危险
4.9		当心氧化物 WARNING: OXIDIZING SUBSTANCE	警示来自氧化物的危险
4.10		当心爆炸物 WARNING: EXPLOSIVE MATERIAL	警示来自爆炸物的危险，在爆炸物附近或处置爆炸物时应当心

表6-5 方向辅助标志

编　号	标　志	名　称	说　明
5.1		疏散方向 DIRECTION OF ESCAPE	指示安全出口的方向。 箭头的方向还可为上、下、左上、右上、右、右下等。
5.2		火灾报警装置或灭火设备的方位 DIRECTION OF FIRE ALARM DEVICE OR FIRE-FIGHTING EQUIPMENT	指示火灾报警装置或灭火设备的方位。 箭头的方向还可为上、下、左上、右上、右、右下等

彩图6-1 “消防按钮”和“地上消火栓”标志与方向辅助标志、文字辅助标志组合使用示例

彩图6-2 “安全出口”标志、方向辅助标志与文字辅助标志组合使用示例